Forschung für die Praxis • Band 15

**Berichte aus dem
Forschungsinstitut für Rationalisierung (FIR)
und dem Lehrstuhl und Institut
für Arbeitswissenschaft (IAW)
der Rheinisch-Westfälischen
Technischen Hochschule Aachen**

Herausgeber: Prof. Dr.-Ing. R. Hackstein

M. Virnich

Betriebsdatenerfassung in Konstruktion und Arbeitsplanung

Mit 50 Abbildungen

Springer-Verlag
Berlin Heidelberg New York
London Paris Tokyo 1988

Dipl.-Ing. Martin Virnich
W. Schlafhorst & Co. Maschinenfabrik Mönchengladbach.
Zum Zeitpunkt der Manuskripterstellung:
Forschungsinstitut für Rationalisierung an der Rheinisch-Westfälischen
Technischen Hochschule Aachen.

Prof. Dr.-Ing. Rolf Hackstein
Inhaber des Lehrstuhls und Direktor des Instituts für Arbeitswissenschaft,
Direktor des Forschungsinstituts für Rationalisierung an der Rheinisch-
Westfälischen Technischen Hochschule Aachen.

D 82 (Diss. TH Aachen)
Originaltitel:
Beitrag zur Gestaltung der Betriebsdatenerfassung in Konstruktion und
Arbeitsplanung von Maschinenbaubetrieben.

ISBN-13: 978-3-540-19408-8   e-ISBN-13: 978-3-642-83512-4
DOI: 10.1007/978-3-642-83512-4

<u>Vorwort des Herausgebers</u>

Die Mechanisierung und Automatisierung der industriellen Produktion hat in den vergangenen Jahren weiter ständig zugenommen.
Begriffe wie "Flexible Fertigungssysteme", "Robotereinsatz"
oder "CNC-Maschinen" sind einige Deskriptoren dieser Entwicklung. Mit steigender Komplexität der eingesetzten Anlagen, Maschinen und Verfahren erhöhen sich auch die Anforderungen an
die Organisation des Zusammenwirkens von Mensch, Betriebsmittel
und Material. Die Beherrschung und Verbesserung dieser Ablauforganisation wird mehr und mehr zum entscheidenden Faktor für
einen erfolgreichen Einsatz moderner Produktionstechnologien.

Die Ablauforganisation in der Fabrik der Zukunft wird vom Einsatz der Informationstechnik geprägt sein, also der Technik
von der Verarbeitung, Speicherung und Übertragung von Informationen. Die Informationstechnik basiert zunehmend auf dem Einsatz der elektronischen Datenverarbeitung (EDV).

Einen der Anwendungsschwerpunkte der Informationstechnik in
der Ablauforganisation von Produktionsbetrieben bildet der Einsatz von Informationssystemen für die Planung und Steuerung
von Produktionsabläufen einschließlich des Transports und der
Lagerung. Der Erfolg solcher Informationssysteme ist in beson-
derem Maße davon abhängig, wie gut es gelingt, bei der Entwicklung und beim Einsatz der Systeme gleichermaßen sowohl die tech-
nisch-organisatorischen als auch die humanen (arbeitswissen-
schaftlichen) Aspekte zu berücksichtigen.

Gelingt es in der Bundesrepublik Deutschland nicht, die Informationstechnik in der Industrie auf breiter Front erfolgreich
zur Anwendung zu bringen, dann ist - vor allem im produzieren-
den Gewerbe, das dem internationalen Wettbewerbsdruck in be-
sonderem Maße unterliegt - nach einer von Prognos im Auftrag
des BMFT durchgeführten Studie bis 1990 mit einem Verlust von
rund 500.000 Arbeitsplätzen zu rechnen. Im Falle positiver Be-
wältigung dagegen wird eine Zunahme von rund 100.000 Arbeitsplätzen erwartet.

Während sich die technologische Entwicklung auf dem Hardware-
Sektor äußerst rasant vollzieht, ist zu beobachten, daß zwischen
der durch die Hardware gebotenen Möglichkeiten und der durch
entsprechende Methoden und Programme (Software) realisierten
Anwendungen eine immer größere Lücke entsteht, die als "Software-Lücke" bezeichnet wird.

Erfolge beim betrieblichen Einsatz können weiterhin aber auch
nur dann erreicht werden, wenn der Mensch die o.g. Informationssysteme akzeptiert. Das aber gelingt nur, wenn der Mensch die
sich ergebenden Veränderungen der Arbeitsanforderungen, Arbeits-
aufgaben und Arbeitsplatzbedingungen positiv bewältigen kann.
Da bisher zu wenig Beweglichkeit, Einfallsreichtum und Flexi-
blität bei der Entwicklung neuer Bedingungen für die Gestaltung
der Arbeitszeit, des Arbeitsplatzes, des Arbeitskräfteeinsatzes,
der Arbeitsorganisation u.ä. festzustellen ist, zeigt sich hier
eine zweite, immer größer werdende Lücke, die vielfach als
"Akzeptanz-Lücke" bezeichnet wird und die in ihren negativen
Auswirkungen der "Software-Lücke" sicherlich nicht nachsteht.

Die Arbeiten der beiden vom Herausgeber geleiteten Institute,
des Forschungsinstituts für Rationalisierung (FIR) in Aachen
und des Lehrstuhls und Instituts für Arbeitswissenschaft der
RWTH Aachen (IAW), sind daher darauf gerichtet, Beiträge zur
Schließung der aufgezeigten Lücken zu leisten. Zur Umsetzung
gewonnener Erkenntnisse wird die Schriftenreihe "FIR-Forschung
für die Praxis" herausgegeben. Der vorliegende Band setzt diese
Reihe fort. Die bisher erschienenen Titel sind am Schluß dieses
Bandes aufgeführt.

Dem Verfasser danke ich für die geleistete Arbeit, dem Verlag
für die Aufnahme dieser Schriftenreihe in sein Programm und
allen anderen Beteiligten für ihren Beitrag zum Gelingen des
Bandes.

        Rolf Hackstein

Inhaltsverzeichnis

1. Einleitung und Zielsetzung

Die Entwicklungen auf dem Gebiet der Elektronik, insbesondere bei der
Elektronischen Datenverarbeitung (EDV), haben in den letzten Jahren zu
einem breiten Angebot an EDV-Systemen für den Einsatz in Produktionsun-
ternehmen geführt. Die verschiedenen "CA."-Kürzel (CA = Computer Aided
= EDV- bzw. rechnerunterstützt) zur Bezeichnung dieser Systeme sind in
vielen Erörterungen über die sogenannten Neuen Technologien zu finden.
Als Beispiele seien hier genannt Systeme zur rechnerunterstützten Kon-
struktion (CAD) und Arbeitsplanung (CAP); CNC-Maschinen und flexible
Fertigungssysteme, Handhabungssysteme, Industrieroboter und fahrerlose
Transportsysteme für eine weitgehend flexibel automatisierte Fertigung
(CAM); Systeme zur EDV-unterstützten Qualitätssicherung (CAQ) und Pro-
duktionsplanung und -steuerung (PPS).

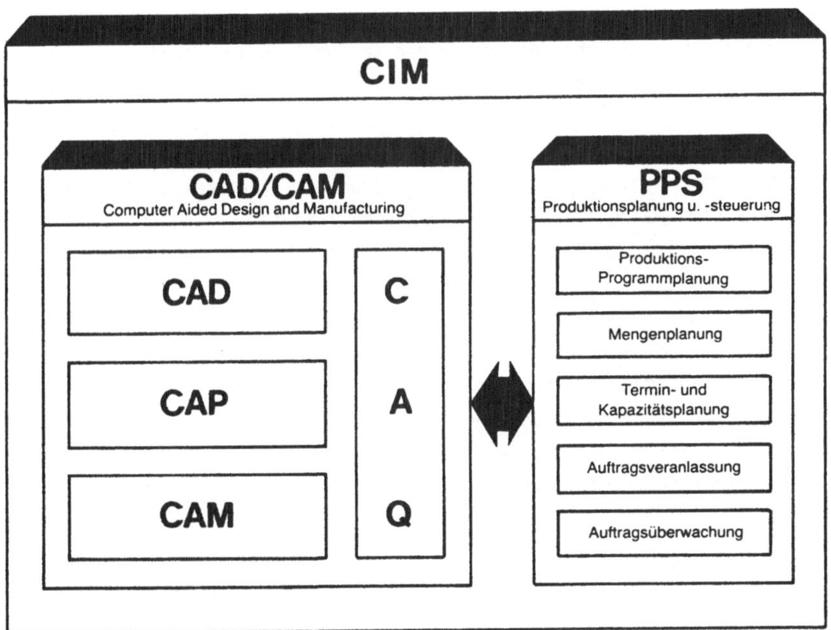

Abb. 1-1: Begriffsdefinition CIM (AWF 1985, S.10)

Mit diesen Systemen sind wesentliche Grundlagen und Bausteine geschaffen für die in letzter Zeit verstärkt diskutierte "rechnerintegrierte Produktion", bekannt unter dem Schlagwort "CIM" (CIM = Computer Integrated Manufacturing). "CIM" - als (Fern-)Ziel einer zukünftigen rechnerintegrierten Produktion - "beschreibt den integrierten EDV-Einsatz in allen mit der Produktion zusammenhängenden Betriebsbereichen. CIM umfaßt das informationstechnologische Zusammenwirken zwischen CAD, CAP, CAM, CAQ und PPS. Hierbei soll die Integration der technischen und organisatorischen Funktionen zur Produkterstellung erreicht werden. Dies bedingt die gemeinsame, bereichsübergreifende Nutzung einer Datenbasis." (AWF 1985, S.10).

Wie aus Abbildung 1-1 hervorgeht, sind gemäß obiger Definition im Wirkungsbereich des CAD/CAM die technischen und in der PPS die organisatorischen Funktionen zur Produkterstellung zusammengefaßt.

Abbildung 1-2 verdeutlicht das entsprechende informationstechnologische Zusammenwirken zwischen den einzelnen an der Produkterstellung beteiligten Betriebsbereichen.

Die durchgängige EDV-Unterstützung des Produkterstellungsprozesses unter technischem Aspekt vollzieht sich im Zuge der "vertikalen Integration" des CAD/CAM, während die organisatorische Planung und Steuerung aller am Produkterstellungsprozeß beteiligten Bereiche im Sinne einer "horizontalen Integration" von der PPS wahrgenommen wird. Dabei kommt der Betriebsdatenerfassung (BDE) im Rahmen der PPS die Aufgabe des Rückmeldepfades zur Schließung der organisatorischen Informationsregelkreise zu. Die BDE ist zwar ein wesentlicher Bestandteil der PPS, hat aber über die PPS hinausgehende Bedeutung, indem sie allgemein Informationen über den Ist-Zustand des betrieblichen Geschehens erfaßt und diese an die verschiedensten betrieblichen Bereiche für deren Aufgabenerfüllung weiterleitet.

Aus Abbildung 1-2 geht ebenfalls hervor, daß der Wirkungsbereich der PPS und einer entsprechenden EDV-Unterstützung heute noch im wesentlichen auf die Bereiche der Beschaffung, Teilefertigung und Montage beschränkt ist und insbesondere die Bereiche Konstruktion und Arbeitsplanung in der Regel nicht mit einbezieht (vgl.HACKSTEIN 1984, S.7; KITTEL 1983, S.24).

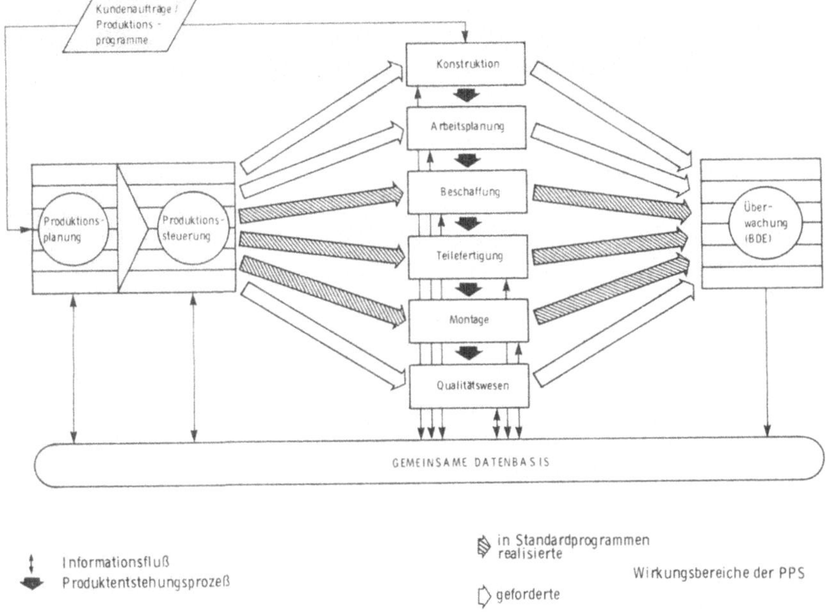

Abb. 1-2: Horizontale und vertikale Integration im Rahmen des CIM
(FÖRSTER 1985, S.55)

Erst in jüngerer Zeit ist in der betrieblichen Praxis eine Tendenz zu
verzeichnen, das Hauptaugenmerk nicht mehr auf den Beschaffungs- und
Fertigungsbereich zu beschränken, sondern entwickelt sich ein wachsendes
Interesse daran, die PPS auf alle am Produkterstellungsprozeß beteiligten Bereiche auszudehnen. Damit stellt sich auch die Frage nach einer
anforderungsgerechten und praktikablen Betriebsdatenerfassung in diesen
Bereichen, da die BDE u.a. grundlegende Voraussetzung für eine wirkungs-
volle Planung und Steuerung ist.

Über ihre Rolle als wesentliches Element und als Voraussetzung für eine
umfassende rechnerintegrierte Produktion hinaus wird die Bedeutung der
BDE in Konstruktion und Arbeitsplanung leicht evident, wenn man die
Zeitanteile dieser Bereiche an der Gesamtdurchlaufzeit eines Auftrages
durch die Produktion betrachtet. In mehreren Untersuchungen wurde ermit-

telt, daß auf die Fertigung nur 20% bis 40% der Gesamtdurchlaufzeit entfallen. Mit ca. 25% bis 65% benötigen Konstruktion und Arbeitsplanung häufig den größten Anteil an der Durchlaufzeit (vgl. HACKSTEIN 1984, S.7; PITRA 1982, S.3; BULLINGER 1976, S.24; STOMMEL 1968, S.23).

Auch hinsichtlich des Personalanteils spielen die Bereiche Konstruktion und Arbeitsplanung eine bedeutsame Rolle. So zeigt eine von PITRA durchgeführte Untersuchung, daß je nach Betrieb 18% bis 55%, im Durchschnitt etwa ein Drittel der in der Produktion eingesetzten Mitarbeiter in den der Fertigung vorgelagerten Bereichen tätig sind (vgl. PITRA 1982, S.4). Es ist zu erwarten, daß sich dieser Anteil bei steigender Automatisierung im Fertigungsbereich in Zukunft noch erhöht.

Die Erfüllung der Forderung nach einer verstärkten Einbeziehung von Konstruktion und Arbeitsplanung in die BDE setzt die Schaffung eines geeigneten organisatorischen Rahmens voraus. Dieser wird anders als in der Fertigung geartet sein müssen, da die zu erfassenden Tätigkeiten verschieden sind. Die Tätigkeiten in Konstruktion und Arbeitsplanung sind insbesondere durch einen größeren geistig-schöpferischen Anteil und einen geringeren Wiederholanteil charakterisiert (vgl. HEUWING 1974, S.10). Es ist schwer möglich, zeitlich eng begrenzte Arbeitsvorgänge wie in der Fertigung zu definieren; weiterhin besteht ein nicht unerheblicher Anteil der Tätigkeiten in kurzfristigen kleineren Änderungen von Konstruktions- und Arbeitsplanunterlagen, die genau zu planen und zu überwachen einen nicht vertretbaren Aufwand bedeuten würde.

Diese Besonderheiten der Tätigkeiten in Konstruktion und Arbeitsplanung und die damit verbundenen Probleme, sie "erfaßbar" zu machen, haben dazu geführt, daß eine adäquate - und erst recht eine EDV-unterstützte - BDE in den Konstruktions- und Arbeitsplanungsabteilungen vieler Betriebe bisher nicht oder nur unvollkommen durchgeführt wird.

Vor diesem Hintergrund ist es Ziel der vorliegenden Arbeit, eine Basis für die anforderungsgerechte Gestaltung der Betriebsdatenerfassung in Konstruktion und Arbeitsplanung von Maschinenbaubetrieben zu erarbeiten. Damit soll ein Beitrag zur Schaffung der erforderlichen Voraussetzungen für die Einbeziehung dieser Bereiche in eine umfassende rechnerintegrierte Produktion (CIM) geleistet werden.

Hierzu soll von einer Bestandsaufnahme der bisher in der betrieblichen Praxis realisierten Organisationsformen der BDE in Konstruktion und Arbeitsplanung einschließlich der hierzu benutzten Hilfsmittel ausgegangen werden. Um nicht eine Reihe von speziellen Einzelfällen zu beleuchten, sondern zu generalisierenden Aussagen zu gelangen, sollen durch eine Analyse dieser erhobenen Organisationsformen dann einige grundlegende, repräsentative Gestaltungsformen ermittelt werden. Da die aufgrund der Bestandsaufnahme ermittelten Formen lediglich bisher schon realisierte - und in mancherlei Hinsicht sicherlich unvollkommene - BDE-Lösungen widerspiegeln, soll parallel dazu eine systematische Anforderungsermittlung an die BDE in Konstruktion und Arbeitsplanung vorgenommen werden. Aus dem Vergleich der beiden Ergebnisse soll dann anschließend eine Defizitanalyse resultieren, die die Schwachpunkte der realisierten Organisationsformen detailliert aufzeigt und damit gleichzeitig Hinweise gibt, welche organisatorischen Gestaltungsmerkmale in welcher Art zu verbessern sind.

2. Grundlagen und Definitionen

2.1 Die Stellung von Konstruktion, Arbeitsplanung und PPS in der funktionalen Unternehmensgliederung

Ein Produktionsunternehmen läßt sich nach HACKSTEIN in die vier Unternehmensbereiche Absatz, Produktion, Finanz- und Rechnungswesen sowie Personalwesen untergliedern (siehe Abbildung 2.1-1). Die Produktion[1] umfaßt dabei die Bereiche Produktionsplanung und -steuerung, Konstruktion, Arbeitsplanung, Beschaffung sowie Fertigung. Die Fertigung untergliedert sich wiederum in Teilefertigung und Montage (vgl. HACKSTEIN 1984, S.5).

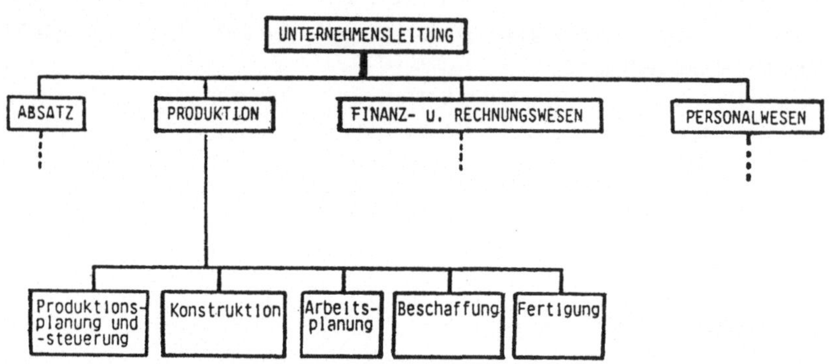

Abb. 2.1-1: Funktionale Unternehmensgliederung (HACKSTEIN 1984, S.5)

---

1) Kennzeichnend für die im folgenden zu diskutierenden Begriffe Produktion, Konstruktion, Arbeitsplanung und PPS ist, daß sie jeweils eine zweifache Bedeutung tragen: Zum einen beschreiben sie bestimmte Tätigkeiten bzw. Prozesse, zum anderen bezeichnen sie die betrieblichen Bereiche, die diese Tätigkeiten ausführen, als organisatorische Einheiten (Abteilungen).

Produktion als Prozeß verstanden umfaßt demnach "unmittelbar oder mittelbar der Herstellung von Erzeugnissen dienende Vorgänge und Tätigkeiten" (VDI 1983, S.167).

Anhand einer anderen Art der Darstellung dieses Sachverhalts gemäß Abbildung 2.1-2 sollen im folgenden kurz einige markante Unterschiede der Produktionsbereiche diskutiert werden.

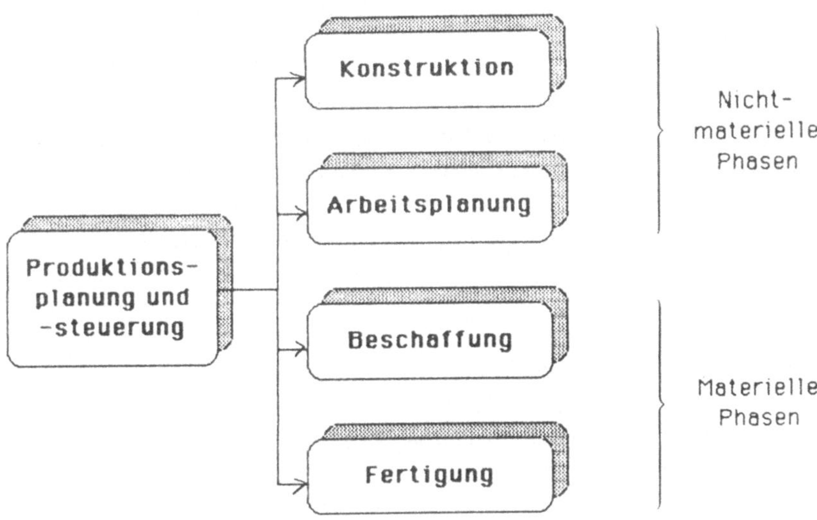

<u>Abb. 2.1-2:</u> Die Phasen des Produkterstellungsprozesses in den einzelnen Bereichen der Produktion

Gemeinsam ist allen Bereichen, daß sie entsprechend ihrer spezifischen Aufgabenstellung am Produkterstellungsprozeß beteiligt sind. Am Beginn des Produkterstellungsprozesses steht die Produktidee, die in der Konstruktion ausgearbeitet und "zu Papier gebracht wird". Bei Einsatz eines CAD-Systems wird dementsprechend ein rechnerinternes Modell des Produktes erstellt und digital abgespeichert.

Wesentliche Aufgabe der Arbeitsplanung ist es nun, die Idee, wie das Produkt gefertigt werden soll, zu entwickeln und "zu Papier zu bringen", bzw. die rechnerinterne Modelldarstellung um die erforderlichen Daten zur Durchführung des geplanten Fertigungsprozesses zu ergänzen.

In beiden Bereichen stehen somit geistig-schöpferische Tätigkeiten im Vordergrund; der eigentliche Arbeitsgegenstand ist nicht-materieller Art und hat den Charakter eines Modells für die Aktivitäten der nachfolgenden Produktionsbereiche. Ergebnisse der Tätigkeiten in Konstruktion und Arbeitsplanung sind Arbeitsunterlagen in Form von allgemeinen Datenträgern, wie z.B. Zeichnungen, Stücklisten oder Arbeitsplänen (vgl. REFA 1978a, S.204; VDI 1983, S.113), für die jeweils nachfolgenden Produktionsbereiche.

Erst mit der Beschaffung tritt der Produkterstellungsprozeß in die materielle Phase, indem Materialien beschafft werden, die in der anschließenden Fertigung einer materiellen Veränderung unterworfen werden: Die Modelldarstellung aus Konstruktion und Arbeitsplanung wird in ein materielles Produkt umgesetzt. Damit einher gehen die Bindung von Kapital an das Material und die Wertschöpfung bei seiner Bearbeitung (siehe auch Abbildung 3.1-1, S.33).

Originäre Aufgabe der PPS ist es, die Aktivitäten aller dieser vier Produktionsbereiche zu koordinieren, unter Mengen-, Termin und Kapazitätsaspekten ihre organisatorischen Abläufe zu planen und zu steuern. Wie schon einleitend dargestellt, trifft man in der Praxis allerdings häufig nur eine eingeschränkte "PPS" hinsichtlich Beschaffung und Fertigung an.

Dies scheint leicht erklärlich bei einer Fertigung mit Wiederholcharakter, bei der die nicht-materiellen und die materiellen Phasen des Produkterstellungsprozesses relativ voneinander entkoppelt sind. Dies ist typischerweise bei weitgehend standardisierten Erzeugnissen der Fall, die zudem häufig in Serie gefertigt werden. Hier werden i.d.R. eigene "Entwicklungsaufträge" oder auch "Projekte" eröffnet, die die Entwicklung eines Produktes über Konstruktion und Arbeitsplanung bis zur Serienreife als grundsätzlich einmaligen Vorgang umfassen. Die sich anschließende laufende und wiederholte Beschaffung und Fertigung zur Befriedigung der Nachfrage des Marktes erfolgt dann unabhängig hiervon.

Anders stellt sich die Situation bei Einmalfertigung oder bei Einzelfertigung mit hohem kundenindividuellen Anteil dar. Hier erstreckt sich der Kundenauftrag über alle Produktionsbereiche und steht bei der heutigen Marktsituation des Maschinenbaus von Anfang an unter dem Diktat des Liefertermins. Dies führt häufig dazu, daß die einzelnen Phasen des

Produkterstellungsprozesses nicht in sich abgeschlossen bearbeitet werden können, sondern eine überlappte Bearbeitung in mehreren Produktionsbereichen gleichzeitig erforderlich ist. Hier muß die PPS die Aktivitäten aller Produktionsbereiche, sowohl bereichsintern als auch - und dies insbesondere - bereichsübergreifend planen und steuern.

Abweichend von der hier vorgestellten Definition der Produktion sind im betrieblichen Sprachgebrauch der Praxis häufig andere Begriffe vorzufinden. So wird mit "Produktion" häufig lediglich die Fertigung gemeint. Konstruktion und Arbeitsplanung werden dann vielfach als "Büro(bereich)" bezeichnet, im Sinne von "technischem Büro". Außerdem werden sie gegenüber dem sogenannten direkten Fertigungsbereich häufig als indirekte Produktionsbereiche bezeichnet, und zwar als der Fertigung vorgelagerte indirekte Bereiche. Schließlich ist auch als Synonym für "vorgelagerte indirekte Bereiche" die Bezeichnung "Vorlaufabteilungen" zu finden.

2.2 Funktionen der Konstruktion

Die Beschreibung der Funktionen der Konstruktion erfolgt in Literatur und Praxis nicht durchweg einheitlich. Insbesondere die Abgrenzung zwischen "Konstruktion" und "Entwicklung" wird unterschiedlich gehandhabt.

Gebräuchlich sind einerseits sowohl das Begriffspaar "Entwicklung und Konstruktion" (vgl. z.B. EICHLER, WALZ 1973, S.7) als auch die Verwendung des Begriffs "Entwicklung" als Oberbegriff (vgl. REFA 1978b, S.16). WARNECKE, HICHERT definieren in diesem Sinne "Entwickeln" folgendermaßen: "Entwickeln ist das zweckgerichtete Auswerten und Anwenden von Forschungsergebnissen und methodischem Wissen mit dem Ziel, zu neuen oder verbesserten Werkstoffen, Produkten, Verfahren oder Systemen zu gelangen. Der betriebliche Aufgabenbereich Entwicklung umfaßt vier Hauptaufgaben, nämlich Konzipieren, Konstruieren, Erproben und Entwicklung Organisieren. Beim Konzipieren lassen sich dabei die Schritte Funktionsfindung und Prinziperarbeitung, beim Konstruieren die Schritte Entwerfen und Ausarbeiten (bzw. Gestalten und Detaillieren) unterscheiden." (WARNECKE, HICHERT 1980, S.24).

Andererseits ist auch die Verwendung des Begriffs "Konstruktion" als Oberbegriff üblich. In Übereinstimmung mit der im vorhergehenden Kapitel getroffenen Aufteilung der Produktion in die Bereiche Konstruktion, Arbeitsplanung, Beschaffung, Fertigung und PPS soll hier im folgenden diese umfassende Bedeutung der Konstruktion zugrunde gelegt werden.

Unterteilt man nach EVERSHEIM den Prozeß zur Lösung der Konstruktionsaufgabe in die drei Phasen

- Konzipieren
- Entwerfen
- Ausarbeiten (vgl. EVERSHEIM 1982, S.71),

so läßt sich auf dieser Basis der Begriff "Entwicklung" in Abhängigkeit von der Fertigungsart und relativ zum Begriff der Konstruktion definieren. Bei Betrieben mit Einzelfertigung konzentriert sich die Entwicklung dann auf die Konzeptionsphase innerhalb der Konstruktionsaktivitäten. Bei Betrieben mit Serienfertigung dagegen können alle Aktivitäten, die der Beschaffung und Fertigung vorgelagert sind (nicht-materielle Phasen gemäß Abbildung 2.1-2) als Entwicklung bezeichnet werden (vgl. BULLINGER 1976, S.28).[1] Im Gegensatz zur "Konstruktion" bezeichnet nach dieser Definition "Entwicklung" die entsprechenden Tätigkeiten, nicht jedoch organisatorische Einheiten des Betriebes.

Im folgenden seien die Konstruktionsphasen gemäß der Aufteilung Konzeption - Entwurf - Ausarbeitung näher betrachtet (vgl. EVERSHEIM 1982; BULLINGER 1976).

In der Konzeptionsphase wird ausgehend vom Konstruktionsauftrag eine Prinziplösung gesucht. Hierbei werden mittels einer analytischen Betrachtung des gewünschten Produkts Lösungsalternativen erarbeitet und anschließend bewertet. Diese Bewertung erfolgt u.a. hinsichtlich technischer, wirtschaftlicher und terminlicher Machbarkeit.

---

1) In diesem Sinne von "Entwicklung" ist auch im Rahmen der Vielfalt gängiger CA-Begriffe das CAE (Computer Aided Engineering) zu verstehen, in dem CAD und CAP zusammengefaßt sind.

Verständlicherweise werden die einzelnen Schritte der Konzeptionsphase nicht einfach nacheinander durchlaufen, vielmehr handelt es sich um einen mehrfach geschachtelten Iterationsprozeß.

Anhand der letztendlich ausgewählten Prinziplösung kann bereits eine Abstimmung mit anderen Produktionsbereichen notwendig sein.

In der Entwurfsphase setzt sich die Produkterstellung in einem wiederum iterativen Prozeß fort. Hier geht es darum, der Prinziplösung konkrete Formen zu verleihen. Die maßstäbliche Gesamtzeichnung des zu konstruierenden Produktes kann als Ergebnis der Entwurfsarbeit angesehen werden. Komplexere Produkte erfordern spätestens in dieser Phase eine Aufspaltung in Baugruppen, oft wird dies bereits im Verlauf der Konzeptionsphase notwendig. Die einzelnen Baugruppen werden im allgemeinen von unterschiedlichen Mitarbeitern oder Mitarbeitergruppen innerhalb der Konstruktionsabteilung bearbeitet. Diese Arbeitsteilung verlangt nach einer möglichst exakten Absprache über die Schnittstellen zwischen den Baugruppen, um nachträglichen Adaptationsaufwand so gering wie möglich zu halten.

Da der Entwurf der einzelnen Baugruppen meist unterschiedliche Bearbeitungszeiten erfordert, sich im Laufe der Entwurfsarbeit immer wieder Schnittstellenprobleme einstellen können und Baugruppen teilweise hintereinander, teilweise parallel bearbeitet werden, können sich sehr umfangreiche und komplexe Anforderungen an eine wirksame Planung und Steuerung der Konstruktion ergeben.

Auch die Entwurfsphase als kreativer "Kernprozeß" der Konstruktion ist stark durchsetzt von organisatorischen, wertanalytischen und kontrollierenden Aufgabenstellungen, die zu einem gewissen Anteil von entsprechenden Mitarbeitern, größtenteils jedoch von den Konstrukteuren selbst durchgeführt werden und den rein schöpferischen Anteil der Entwurfsarbeit verringern.

Den Abschluß der Konstruktionsaufgabe bildet die Ausarbeitung, häufig auch als Detaillierung bezeichnet. Charakterisieren läßt sich diese Phase durch die Erfüllung der Aufgaben

- Erstellen maßstäblicher Zusammenbauzeichnungen
- Erstellen der Stücklisten
- Detaillieren von Einzelteilen
- Zeichnungsverwaltung und Normung.

Je nach angewandter Stücklistenart ist die Erstellung einer oder mehrerer Stücklisten eine wichtige Voraussetzung für die Arbeit der nachfolgenden Arbeitsplanung. Auch beim Detaillieren der Einzelteile müssen teilweise bereits arbeitsplanerische Entscheidungen vorgenommen werden, die die Konstruktion entweder selbst oder in Absprache mit der Arbeitsplanung zu treffen hat. Zur Verkürzung der Gesamtdurchlaufzeit eines Produkts ist es sinnvoll und notwendig, mit der Detaillierng bei denjenigen Teilen zu beginnen, die besonders lange Restdurchlaufzeiten (Beschaffung, Teilefertigung) aufweisen oder in der Montage als erste benötigt werden.

Nach abschließender Kontrolle der Teile auf das Einhalten erforderlicher Normen und Anschlußmaße sowie auf Vollständigkeit der Unterlagen ist die primäre Aufgabe der Konstruktion als erfüllt zu betrachten. Jedoch kann es insbesondere bei Produkten mit hohem Komplexitätsgrad später erforderlich werden, noch Korrekturen und Anpassungen an der ursprünglichen Konstruktion durchzuführen.

Teilt man die Konstruktionsaufgaben in die Phasen Konzeption, Entwurf und Ausarbeitung, so kann man in dieser Ablauffolge mit steigendem Konkretisierungsgrad der Aufgabenstellung einen insgesamt abnehmenden Anteil an geistig-schöpferischen Tätigkeiten feststellen. Für allgemeine unterstützende Tätigkeiten, die im Rahmen der Konstruktion anfallen, liegt dieser Anteil tendenziell noch niedriger (siehe Abbildung 2.2-1).

Unterscheidet man die Konstruktionsaufgaben nach dem Umfang der durchzuführenden Tätigkeiten aufgrund des Neuigkeitsgrades und des damit verbundenen Konkretisierungsgrades zu Beginn der Konstruktionsaufgabe, so gelangt man zu einer Aufteilung nach Konstruktionsarten gemäß Abbildung 2.2-2 (vgl. EVERSHEIM 1982, S. 71).

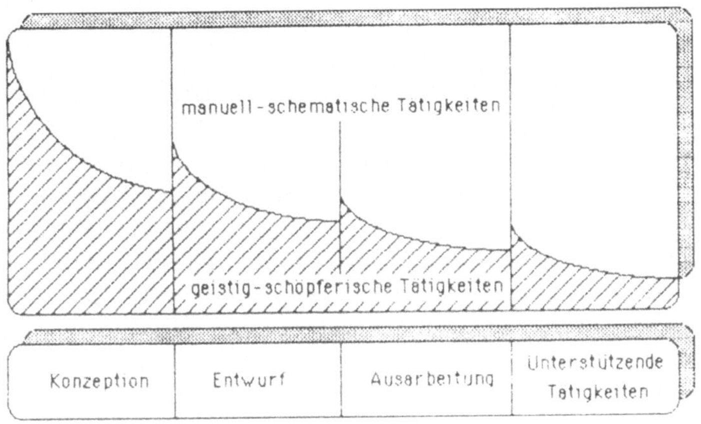

Abb. 2.2-1: Anteile geistig-schöpferischer und manuell-schematischer Tätigkeiten im Konstruktionsablauf

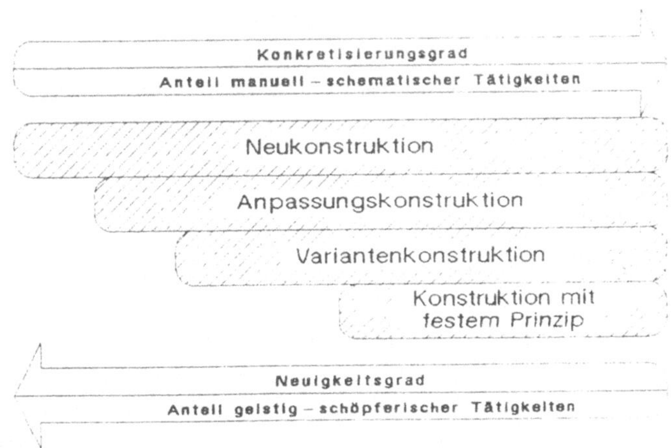

Abb. 2.2-2: Konstruktionsarten (vgl. EVERSHEIM 1982, S. 71)

Die Neukonstruktion erfordert einen vollständig neuen Aufbau des gewünschten Produktes; dem Konstrukteur liegen praktisch keine anpaßbaren

Lösungen vor. Er beginnt quasi "beim Punkt Null", d.h. bei der Funktionsfindung; mit seinen Arbeiten durchläuft er sämtliche Konstruktionsphasen.

Bei der Anpassungskonstruktion wird auf ein bereits durchkonstruiertes Produkt zurückgegriffen, das gemäß der aktuellen Konstruktionsaufgabe in einzelnen Gruppen oder Teilen angepaßt wird. Es sind hierbei die Teilphase der Prinziperarbeitung im Rahmen der Konzeption sowie die Phasen des Entwurfs und der Ausarbeitung zu durchlaufen. In noch stärkerem Maße wird bei der Variantenkonstruktion und der Konstruktion mit festem Prinzip auf bereits vorliegende Lösungen zurückgegriffen. Bei der Variantenkonstruktion beschränken sich die Konstruktionstätigkeiten auf den Entwurf und die Ausarbeitung, bei der Konstruktion mit festem Prinzip lediglich auf die Ausarbeitung.

Nicht nur in der betrieblichen Praxis, und hier nicht nur bei Mitarbeitern der Konstruktion selbst, herrscht vielfach die Meinung vor, Konstruktionstätigkeiten seien generell nicht planbar, insbesondere aufgrund ihres hohen Anteils an geistig-schöpferischen Inhalten (vgl. PAHL, BEITZ 1977, S.1). Untersuchungen der Konstruktionstätigkeiten haben allerdings gezeigt, daß der tatsächliche Anteil dieser kreativen Tätigkeiten geringer ausfällt als zumeist vermutet wird (vgl. HESSER 1979; BULLINGER 1976, S.40). HESSER rechnet wegen des zunehmenden Einsatzes der EDV im Konstruktionsbereich sogar mit einer Zunahme der nicht-kreativen Tätigkeitsanteile (vgl. HESSER 1979, S.1035).

2.3 Funktionen der Arbeitsplanung

"Die Arbeitsplanung umfaßt alle einmalig auftretenden Planungsmaßnahmen, welche unter ... Berücksichtigung der Wirtschaftlichkeit die fertigungsgerechte Gestaltung eines Erzeugnisses oder die ablaufgerechte Gestaltung einer Dienstleistung sichern." (REFA 1978, S. 18). Sie gliedert sich nach HACKSTEIN in die Funktionsgruppen und Einzelfunktionen gemäß Abbildung 2.3-1.

Im Rahmen der Kostenplanung erfolgt eine Kalkulation bezüglich Kostenträgern, Kostenstellen und Kostenarten zu Planungszwecken (Vorkalkulation) und zu Kontrollzwecken (Nachkalkulation).

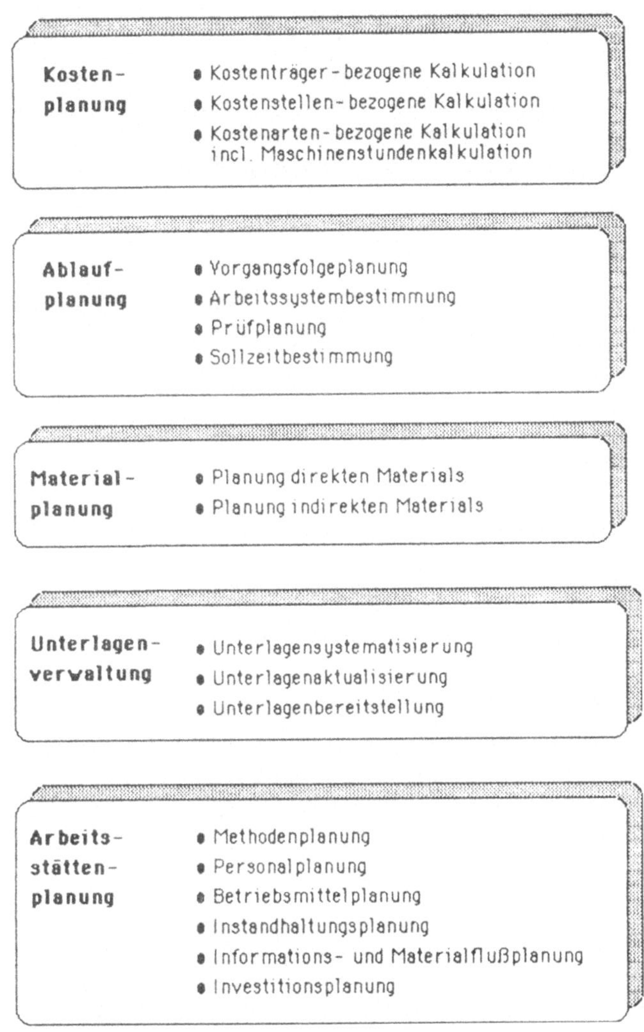

<u>Abb. 2.3-1:</u> Funktionale Gliederung der Arbeitsplanung
(nach HACKSTEIN 1985, S. 26 - 27)

Im Zuge der Ablaufplanung wird bei der Vorgangsfolgeplanung der zukünftige Produktionsprozeß in einzelne Arbeitsvorgänge gegliedert und die Vorgangsreihenfolge festgelegt. Im Zuge der steigenden Automatisierung im Fertigungsbereich ist eine Tendenz zu verzeichnen, bestimmte Arbeiten in die der Fertigung vorgelagerten Bereiche zu verlagern, wie z.B. die NC-Programmierung, so daß auch solche Tätigkeiten in zunehmendem Maße dem Aufgabenbereich der Arbeitsplanung mit zugeschlagen werden. Die Auswahl von Personal und Arbeitsmitteln, die zur Durchführung der einzelnen Arbeitsvorgänge geeignet sind, erfolgt im Rahmen der Arbeitssystembestimmung.

In der Prüfplanung werden Prüfvorgänge festgelegt und ihre Durchführung geplant. Schließlich werden in der Sollzeitbestimmung die zur Durchführung der Arbeits- und Prüfvorgänge veranschlagten Sollzeiten ermittelt.

Die Materialplanung zielt vor allem darauf ab, anhand des zukünftigen Produktionsprogramms Bedarfswerte für die Lagerhaltung zu ermitteln. Dazu werden Mengen und Arten aller Sachgüter, die in einzelne Arbeitsgegenstände oder -ergebnisse unmittelbar eingehen (direktes Material, z.B. Schrauben) oder mittelbar eingehen (indirektes Material, z.B. Schmierstoffe) geplant.

Die Funktionsgruppe Unterlagenverwaltung bezieht sich auf die sachgerechte Verwaltung der Produktionsunterlagen, wie z.B. Zeichnungen und Prüfpläne. Die Unterlagensystematisierung dient dabei zur systematischen Sortierung und Archivierung der Produktionsunterlagen anhand geeigneter Nummerungs- und Ordnungskriterien. Sie ist Voraussetzung für eine bedarfsgerechte, zügige und vollständige Unterlagenbereitstellung. Die bereitzustellenden Unterlagen auf dem aktuellen Stand zu halten ist schließlich Aufgabe der Unterlagenaktualisierung.

Inhalt der Arbeitsstättenplanung ist die Planung der Organisation, Gestaltung und Erhaltung aller am Produktionsprozeß beteiligten Personen und Betriebsmittel. Dazu werden in der Methodenplanung die Verfahren geplant, die eine optimale Durchführung der einzelnen Arbeitsvorgänge unter wirtschaftlichen und humanitären Aspekten ermöglichen. Unter Personalplanung fallen die Ermittlung des Personalbedarfs und die Vorbereitung aller Maßnahmen zur Personalbeschaffung, Personalentwicklung, zum Personaleinsatz und zur Personalfreistellung. Im Zuge der Betriebsmittelplanung sind die zur Durchführung der geplanten Produktionsverfahren geeigneten Betriebsmittel hinsichtlich Bestand und Bedarf zu ermitteln.

Die Instandhaltungsplanung trägt Sorge für eine termingerechte Einplanung aller vorbeugenden Inspektions-, Wartungs- und Instandsetzungsarbeiten an den Betriebsmitteln. Die Organisation und Gestaltung der Produktionsstätten hinsichtlich eines zeit- und kostenminimalen Informationsaustauschs und Materialtransports ist Gegenstand der Informations- und Materialflußplanung. Im Zuge der Investitionsplanung wird die Beschaffung von Betriebsmitteln zum Zwecke des Ersatzes, der Rationalisierung oder der Erweiterung des Betriebsmittelbestandes geplant. (Vgl. HACKSTEIN 1985, S. 27 - 30)

Eine von ALMENRÄDER und NIESSNER durchgeführte Untersuchung der Zeitstrukturen in Arbeitsplanungen des Maschinenbaus hat ergeben, daß die auf die einzelnen Funktionen der Arbeitsplanung entfallenden Zeitanteile sehr unterschiedlich sind. Den Hauptanteil mit durchschnittlich 40% macht die Ablaufplanung aus. Unter Einbeziehung der NC-Programmierung, die in den untersuchten Betrieben zu durchschnittlich 83% in der alleinigen Verantwortung der Arbeitsplanung liegt, steigt dieser Anteil auf durchschnittlich 52%. Insgesamt entfallen im Durchschnitt etwa 87% der Zeit auf Arbeiten, die unmittelbar dem Produkterstellungsprozeß dienen (vgl.ALMENRÄDER, NIESSNER 1983, zitiert bei ALMENRÄDER 1983, S.12). Zu ähnlichen Ergebnissen kommt eine Untersuchung bei EVERSHEIM 1980, S. 7.

2.4 Funktionen der PPS

Gemäß SCHOMBURG (1980) werden unter dem Begriff "Produktionsplanung und -steuerung" alle planenden und steuernden Funktionen verstanden, die zur mengen-, termin- und kapazitätsgerechten Abwicklung des Produktionsprozesses erforderlich sind. Unter Zugrundelegung der Gliederung der Produktion gemäß Kapitel 2.1 erstreckt sich der Wirkungsbereich der PPS somit auf Konstruktion, Arbeitsplanung, Beschaffung und Fertigung.

Das Teilgebiet der Produktionsplanung umfaßt dabei alle Funktionen zur mengen-, termin- und kapazitätsmäßigen Planung dieser Produktionsbereiche. Die Produktionssteuerung umfaßt dementsprechend alle veranlassenden und überwachenden Funktionen zur Abwicklung der Aufträge im Sinne der Produktionsplanung (vgl. SCHOMBURG 1980, S.12).

Die Funktionsgruppen und Einzelfunktionen der PPS sind von einer Reihe von Autoren bereits beschrieben worden (HACKSTEIN 1985 und 1984, BRIEF 1984, LEY 1984, KITTEL 1983, GERLACH 1983, SPEITH 1982, NISSING 1982, SCHOMBURG 1980). Daher sollen diese hier nur kurz - soweit für die folgenden Ausführungen erforderlich - anhand von Abbildung 2.4-1 besprochen werden (vgl. SPEITH 1982, S.18-31).

Die Durchführung der verschiedenen Produktionsplanungs- und -steuerungsfunktionen erfolgt auf der Basis von umfangreichen produktionsbezogenen Daten, die im Rahmen der Datenverwaltung gespeichert und gepflegt werden. Es handelt sich hierbei insbesondere um Daten zu Teilestämmen, Stücklisten, Arbeitsplänen, Arbeitsplätzen, Kunden und Lieferanten. Wie diese Aufzählung zeigt, sind Konstruktion und Arbeitsplanung für die Erstellung eines großen Teils dieser Daten verantwortlich.

Die Produktionsprogrammplanung operiert im wesentlichen auf der Ebene verkaufsfähiger Erzeugnisse (Primärbedarf). Dies können komplette Maschinen und Anlagen sein, aber auch einzelne Gruppen oder Teile, wie sie z.B. für das Ersatzteilwesen benötigt werden. Die Prognoserechnung ist insbesondere für eine erwartungsorientierte Fertigung von Standarderzeugnissen auf Lager von Bedeutung. Sie ermittelt den zukünftig erwarteten Bedarf an Erzeugnissen, Baugruppen und Einzelteilen als Vorhersage auf der Basis von Vergangenheitswerten. Die Grobplanung errechnet den Kapazitätsbedarf nach Menge und Termin für das geplante Produktionsprogramm, das aus der Prognoserechnung oder eingehenden Kundenaufträgen und Angeboten abgeleitet wird. Während die Grobplanung von Standarderzeugnissen mit bereits vorliegenden "echten" Stücklisten- und Arbeitsplandaten erfolgen kann, muß die Grobplanung von Konstruktionserzeugnissen - also von solchen Erzeugnissen, die zum Planungszeitpunkt in ihrer konstruktiven Ausführung noch nicht oder noch nicht endgültig festgelegt sind - auf der Basis von Schätzdaten oder repräsentativen Ersatzdaten durchgeführt werden. Die Lieferterminbestimmung ist für die Angebotsbearbeitung und die Auftragsbestätigung von Bedeutung. Im Rahmen der Kundenauftragsverwaltung werden die Auftragseingänge, -änderungen und -fertigmeldungen verarbeitet, die Fertigwarenbestände geführt und die Versanddisposition erledigt. Die Vorlaufsteuerung plant und steuert unter Termin- und Kapazitätsaspekten die auftragsabhängigen Arbeiten der "Vorlaufabteilungen" Konstruktion und Arbeitsplanung.

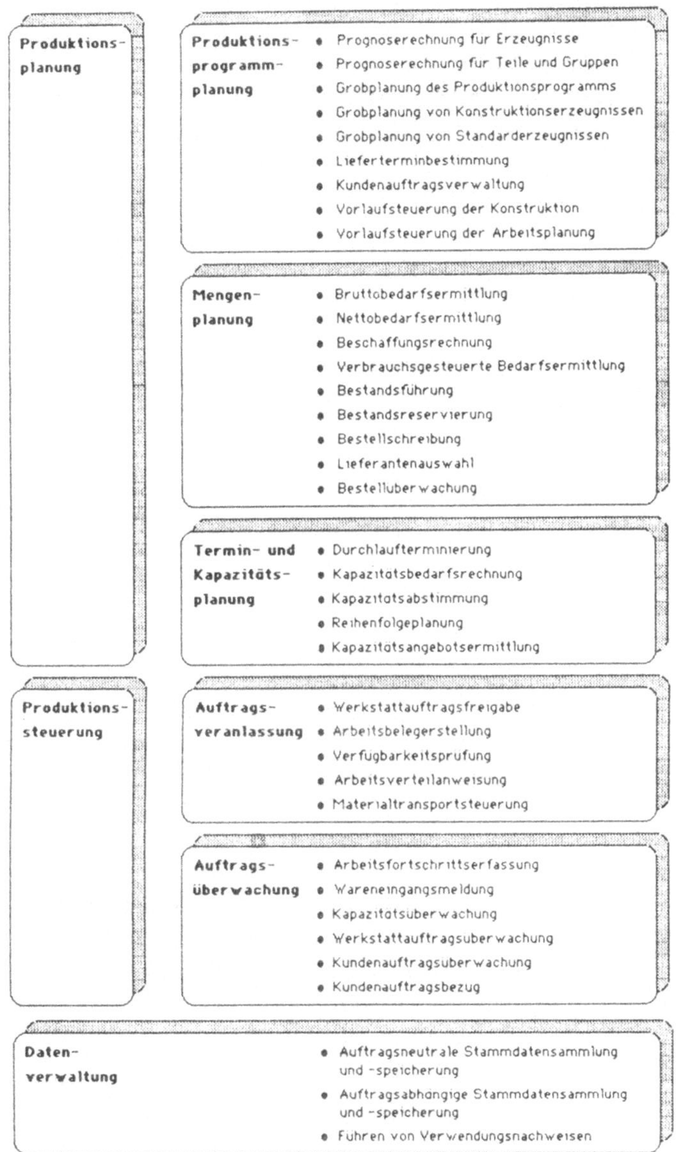

Abb. 2.4-1: Funktionsgruppen und Funktionen der PPS nach SPEITH (1982, S.23-31)

Die Mengenplanung dient zur Ermittlung der zu fertigenden Teile und des zu beschaffenden Materials (Sekundär- und Tertiärbedarf) nach Art und Menge, um das geplante Produktionsprogramm termingerecht fertigen zu können. Im Zuge der Bedarfsermittlung wird dazu in einer Stücklistenauflösung der Bruttobedarf an Gruppen, Teilen und Rohmaterial errechnet, aus dem durch Vergleich mit den fortgeschriebenen Beständen der zu beschaffende Nettobedarf resultiert. Dabei sind die aufgrund einer Bestandsreservierung nicht mehr frei verfügbaren Bestände entsprechend zu berücksichtigen. Die Fortschreibung der Bestände erfolgt im Rahmen der Bestandsführung. Aus der Beschaffungsrechnung folgt das Beschaffungsprogramm für den Nettobedarf. Es beinhaltet die nach verschiedenen Gesichtspunkten (z.B. minimale Kosten) zusammengefaßten Bedarfe für den Einkauf und die eigene Fertigung in Form von Bestellvorschlägen und Vorschlägen für die Werkstattauftragsbildung, die von den zuständigen Disponenten überprüft und gegebenenfalls geändert oder ergänzt werden. In die Beschaffungsprogramm- und Bestellvorschläge fließen außerdem die Bedarfe aufgrund der verbrauchsgesteuerten Bedarfsermittlung ein, die sich an der Unterschreitung bestimmter Mindestbestände orientiert. Schließlich werden im Zuge der Bestellschreibung die fremdbezogenen Teile bei den Lieferanten bestellt, die im Rahmen der Lieferantenauswahl ermittelt wurden; die Einhaltung der Lieferungen wird durch die Bestellüberwachung verfolgt.

Die Werkstattaufträge für die eigene Fertigung durchlaufen die Funktionen der Termin- und Kapazitätsplanung. In der Durchlaufterminierung werden dazu die Beginn- und Endtermine der Werkstattaufträge und ihrer Arbeitsvorgänge errechnet, wobei die Kapazitätssituation nicht berücksichtigt wird. Dies erfolgt bei der anschließenden Gegenüberstellung der Ergebnisse von Kapazitätsbedarfsrechnung und Kapazitätsangebotsermittlung, wenn im Zuge der Kapazitätsabstimmung eine möglichst gleichmäßige Kapazitätsauslastung angestrebt wird, ohne den Auftragsendtermin zu gefährden. In der Reihenfolgeplanung wird für die einer Kapazitätseinheit zugeordneten Aufträge eine Warteschlange mit einer nach verschiedenen Kriterien optimierbaren Reihenfolge ermittelt.

Die Produktionssteuerung geht von den Werkstattaufträgen aus, wie sie von der Produktionsplanung vorgegeben werden.

Die Auftragsveranlassung umfaßt alle Maßnahmen zur - möglichst - planungsgerechten Einsteuerung und Durchsetzung dieser Aufträge. Im Rahmen der Auftragsüberwachung sind alle relevanten Zustandsänderungen der Werkstattaufträge bezüglich Mengen und Terminen zu erfassen und mit den Planvorgaben hinsichtlich von Soll-/Ist-Abweichungen aufgrund vielfältig möglicher Störeinflüsse zu überprüfen. Entsprechendes gilt für die Zustandsänderungen der Kapazitätseinheiten. Zur Erfassung der erwähnten Zustandsänderungen wird die Betriebsdatenerfassung (BDE) eingesetzt.

Hinsichtlich dieser Gliederung der Funktionen der PPS ist festzustellen, daß sie in einigen Punkten nicht befriedigt, was die Zuordnung einzelner Funktionen zu den Teilbereichen Planung und Steuerung angeht. Bei dieser rein linearen Abfolge der Funktionen wird z.B. nicht berücksichtigt, daß sich im Rahmen der Beschaffungsrechnung die Funktionen der PPS in zwei Funktionsstränge aufteilen. Einen für die Eigenfertigungsteile und entsprechende Werkstattaufträge; einen anderen für die fremdbezogenen Teile und Materialien und entsprechende Bestellaufträge. Gemäß der Aufteilung nach SPEITH (1982) beziehen sich die Funktionen der Produktionssteuerung - mit Ausnahme der isoliert dastehenden Wareneingangsmeldung - lediglich auf die Werkstattaufträge; die Produktionssteuerung ist im wesentlichen auf eine Werkstattsteuerung reduziert. Eine originäre Steuerungsfunktion - die Bestellüberwachung - findet sich in der Produktionsplanung wieder. Während die Arbeitsbelegerstellung der Steuerung zugeordnet ist, ist die Bestellschreibung als Funktion der Planung aufgeführt.

Eine konsequentere Zuteilung der Funktionen zu den Teilbereichen Planung und Steuerung auf Basis der o.a. Kritikpunkte wurde von NISSING, VIRNICH (1982) vorgenommen. Sie ist in Abbildung 2.4-2 dargestellt.[1]

---

1) Wesentlich ist hier die Zweiteilung der Funktionsstränge nach der Beschaffungsrechnug und die einheitliche Zuordnung von Planungs- und Steuerungsfunktionen in beiden Strängen. Der unterschiedliche Detaillierungsgrad der Darstellungen nach SPEITH (1982) und NISSING, VIRNICH (1982) ist für die hier angestellten Betrachtungen ohne Belang.

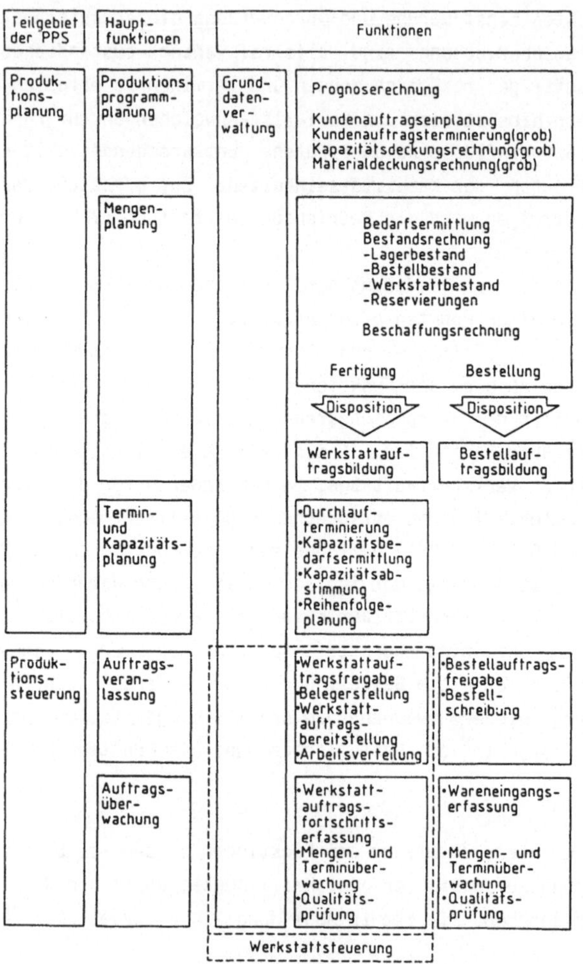

Abb. 2.4-2: Funktionale Gliederung der PPS nach NISSING, VIRNICH (1982, S. 74)

Aber auch bei der Darstellung nach NISSING, VIRNICH (1982) fällt auf, daß sie konsequent nur für die Produktionsbereiche Beschaffung und Fertigung gehandhabt wird.

Auch hier handelt es sich lediglich um eine "PPS der Fertigung und Beschaffung", da Konstruktion und Arbeitsplanung nicht einbezogen sind. In der Tat leisten viele der am Markt angebotenen und in der Praxis eingesetzten PPS-Systeme nur eine Unterstützung der Produktionsplanung und -steuerung für die Beschaffung und Fertigung, wie KITTEL (1983) aufgezeigt hat (vgl. auch Kapitel 3.2).

Hinsichtlich der funktionalen Gliederung in Planungs- und Steuerungsfunktionen nach SPEITH (1982) ist festzustellen, daß diese auch für die Einbeziehung der "Vorlaufbereiche" Konstruktion und Arbeitsplanung nicht konsequent ist. So findet sich die "Vorlaufsteuerung" in der Funktionsgruppe "Produktionsprogrammplanung", und die "Kundenauftragsüberwachung", die bereichsübergreifend von der Konstruktion bis zur Fertigung reicht, steht mit den übrigen Funktionen der Werkstattsteuerung auf einer Stufe.

Ein Ansatz zur Gliederung der PPS-Funktionen in zwei Ebenen nach den Gesichtspunkten "Primärbedarf" (Erzeugnisebene) und "Sekundärbedarf" (Teile-/Baugruppenebene) ist von GERLACH unternommen worden (GERLACH 1983, S. 17), doch spielen auch hier die Bereiche Konstruktion und Arbeitsplanung eine untergeordnete Rolle.

PITRA (1982) löst die PPS in zwei Teilsysteme auf und unterscheidet nach Grob- und Feinplanung der Produktion. Die Feinplanung der Produktion und die Produktionssteuerung beschränkt er jedoch wiederum auf die Bereiche Beschaffung und Fertigung; die Termin- und Kapazitätsplanung der Konstruktion und Arbeitsplanung subsumiert er in der Grobplanung - wobei er auch die Auftragsverfolgung in die Grobplanung einbezieht, obwohl es sich hier um eine Steuerungsfunktion handelt.

Unter Berücksichtigung der oben aufgeführten Kritikpunkte und ausgehend von der Darstellung in Abbildung 2.4-2 führt eine konsequente Einbeziehung aller Bereiche der Produktion zu einer Gliederung von Funktionsgruppen der PPS im umfassenden Sinne gemäß Abbildung 2.4-3.

Hieraus ist ersichtlich, daß nunmehr alle Bereiche der Produktion in die PPS einbezogen sind und daß es sowohl bereichsinterne als auch bereichsübergreifende Funktionen der PPS gibt. Dabei sind die Funktionen der

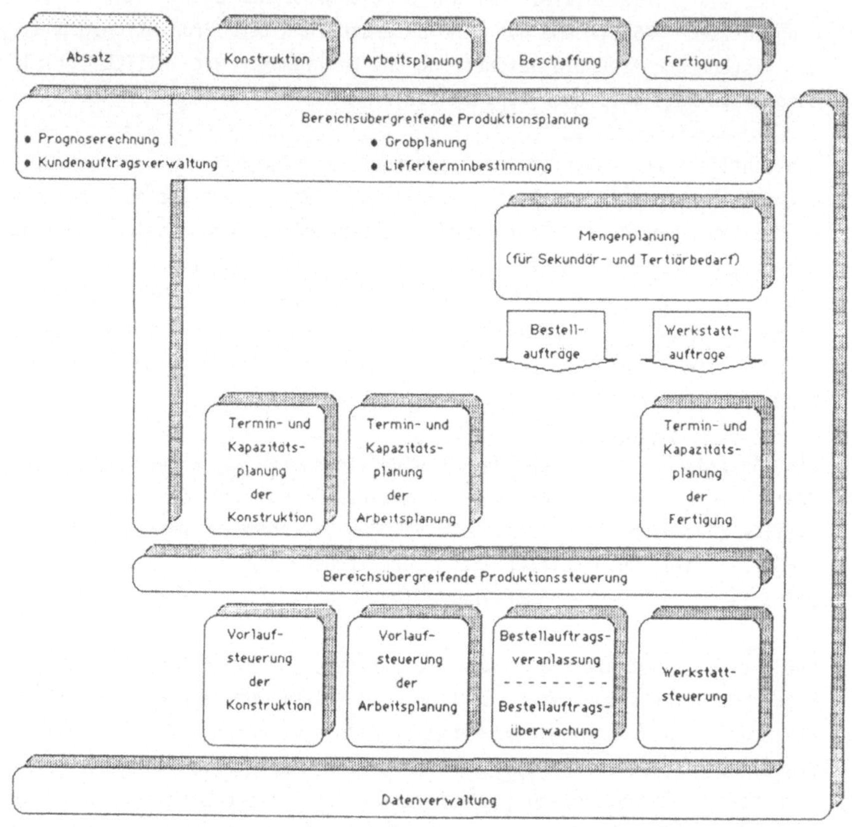

Abb. 2.4-3: Gliederung von Funktionsgruppen der PPS im umfassenden Sinne

Produktionssteuerung in allen Produktionsbereichen bereichsintern anzutreffen, gemeinsam koordiniert durch die bereichsübergreifende Produktionssteuerung. Im Falle einer kundenauftragsbezogenen Produktion ist
hier als wichtige Funktion insbesondere die Kundenauftragsüberwachung zu
nennen.

Bei den bereichsinternen Funktionsgruppen der Planung ist eine Termin-
und Kapazitätsplanung für die Konstruktion, die Arbeitsplanung und die

Fertigung zu nennen, die hier im Sinne einer Termin- und Kapazitätsfein-
planung auf Arbeitsvorgangsebene zu verstehen ist. Für den Bereich der
Beschaffung ist diese Termin- und Kapazitätsplanung nicht erforderlich,
da hier mit den Lieferterminen gearbeitet werden kann, wie sie aufgrund
von Vorlaufzeiten oder Wiederbeschaffungszeiten (Funktionsgruppe Mengenplanung) ermittelt werden. Während die Mengenplanung sich auf Sekundär-
und Tertiärbedarfe erstreckt, stammen die Primärbedarfe aus der Prognoserechnung (z.B. für Standardprodukte mit Fertigung auf Lager) oder der
Kundenauftragsverwaltung (für kundenauftragsbezogene Produktion). Beide
Funktionen gehen über den eigentlichen Bereich der Produktion hinaus und
reichen in den Absatz hinein. Jedoch sind sie organisatorisch so eng mit
dem Produktionsgeschehen verzahnt, daß eine Abspaltung aus der PPS nicht
gerechtfertigt wäre. Die Kundenauftragsverwaltung, die Funktionen der
Grobplanung und die Lieferterminbestimmung sind bereichübergreifende
Funktionen der Produktionsplanung, da sie nicht nur isoliert für einen
Produktionsbereich gelten, sondern unter Planungsaspekten die Koordination aller Produktionsbereiche zum Ziel haben.

2.5   Betriebsdatenerfassung (BDE)

Die Begriffsbestimmungen zum Themenkomplex "Betriebsdatenerfassung" ori-
entieren sich in aller Regel an den Definitionen von ROSCHMANN u.a.
(1979), die im Rahmen der Aktivitäten der Projektgruppe BDE des AWV
(Ausschuß für wirtschaftliche Verwaltung in Wirtschaft und öffentlicher
Hand e.V.) geprägt wurden.

Dort wird zum Begriff "Betriebsdaten" folgende Definition gegeben:
"Unter **Betriebsdaten** werden die im Laufe eines Produktionsprozesses
anfallenden Daten (definierendes Merkmal) bzw. verwendeten Daten (ergän-
zendes Merkmal) verstanden. Hierbei handelt es sich um technische und
organisatorische Daten, insbesondere über das Verhalten bzw. den Zustand
des Betriebes (wie Angaben über produzierte Menge, benötigte Zeiten,
Zustände an Fertigungsanlagen, Lagerbewegungen, Qualitätsmerkmale."
(ROSCHMANN u.a. 1979, S. 16).

In dieser Begriffsbestimmung wird bei den Betriebsdaten zwischen "anfallenden Daten" und "verwendeten Daten" unterschieden. Die "anfallenden Daten" sind Betriebsdaten im engeren Sinne, das heißt reine Ist-Daten, die erst vor Ort in der Produktion, während des Produktionsprozesses entstehen. Diese Ist-Daten müssen bestimmten Personen, Aufträgen oder Betriebsmitteln zugeordnet werden ("identifizierende Daten", auch als "Zuordnungsdaten" bezeichnet) und mit Soll-Vorgaben (z.B. Soll-Mengen, geplanter Anfang von Arbeitsvorgängen, Vorgabezeiten) verglichen werden. Die identifizierenden Daten und die Soll-Daten werden zusammen mit den Ist-Daten verwendet und gehören somit zu den Betriebsdaten im weiteren Sinne.

"Die **Betriebsdatenerfassung** umfaßt die Maßnahmen, die erforderlich sind, um Betriebsdaten eines Produktionsbetriebes in maschinell verarbeitungsfähiger Form am Ort ihrer Verarbeitung bereitzustellen (definierende Merkmale). Hiermit können zum Erfassungsvorgang gehörende Verarbeitungsfunktionen verbunden sein (ergänzende Merkmale)." (ROSCHMANN u.a. 1979, S. 14).

Aus dieser Begriffsbestimmung geht hervor, daß Betriebsdatenerfassung im engeren Sinne lediglich das Sammeln und Aufzeichnen von Betriebsdaten in maschinell verarbeitungsfähiger Form beinhaltet. Unter Betriebsdatenerfassung im weiteren Sinne werden dagegen alle Maßnahmen verstanden, die der Erfassung im engeren Sinne, der Prüfung und gegebenenfalls Korrektur, der Aufbereitung sowie Aus- und Weitergabe von Betriebsdaten dienen (siehe Abbildung 2.5-1).

Beide o.a. Begriffsdefinitionen werden in ihrem erweiterten Sinne auch in der vorliegenden Arbeit zugrunde gelegt.

Zu den Definitionen nach ROSCHMANN u.a. ist anzumerken, daß sie sich explizit zwar auf die gesamte Produktion beziehen, implizit aber eine Beschränkung auf den Fertigungsbereich stattfindet. De facto wird Betriebsdatenerfassung mit Fertigungsüberwachung bzw. Fertigungsfortschrittsüberwachung gleichgesetzt. Dies geht bereits aus den in der Definition der Betriebsdaten angeführten Beispielen hervor und wird insbesondere an Abbildung 2.5-2 deutlich, in der dargestellt ist, welche Funktionen die Betriebsdatenerfassung - nach ROSCHMANN u.a. - zu erfüllen hat. Die Beschränkung auf die Fertigung ist praktisch für die gesamte "Standardliteratur" zur BDE symptomatisch (vgl. z.B. BENDEICH 1977).

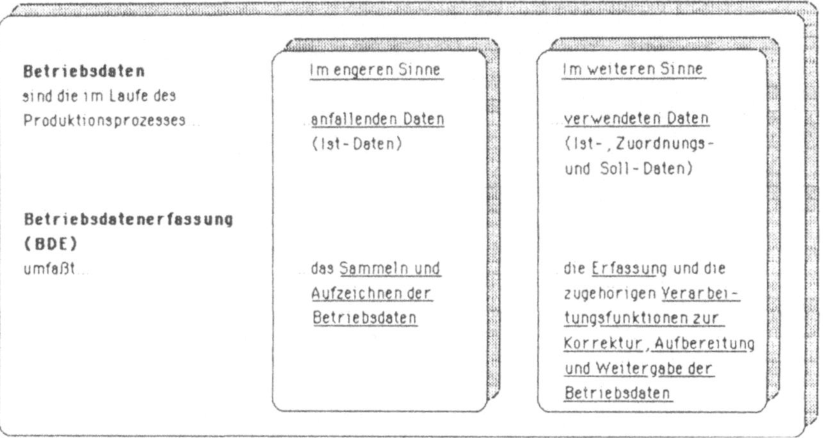

Abb. 2.5-1: Betriebsdaten und Betriebsdatenerfassung im engeren und im weiteren Sinne

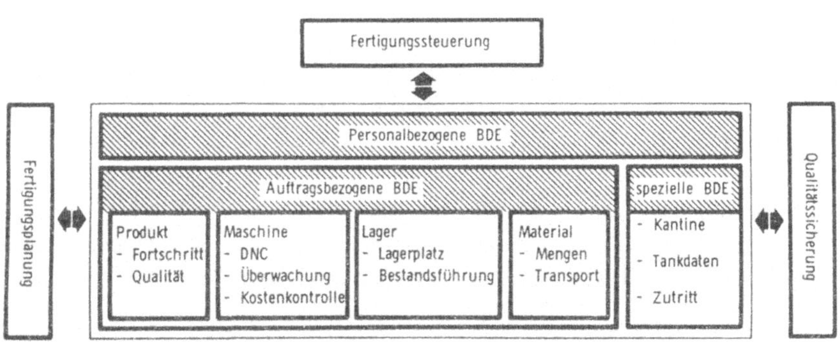

Abb. 2.5-2: Funktionen der Betriebsdatenerfassung nach ROSCHMANN u.a. (1979, S.19)

Im folgenden soll nun ein Überblick über die Teilbereiche der BDE und die dort beinhalteten Betriebsdatenarten gegeben werden. Gemäß Abbildung 2.5-3 gliedert sich die BDE in die drei Teibereiche Produktionsdatenerfassung, Anwesenheitszeiterfassung und spezielle Betriebsdatenerfassung.

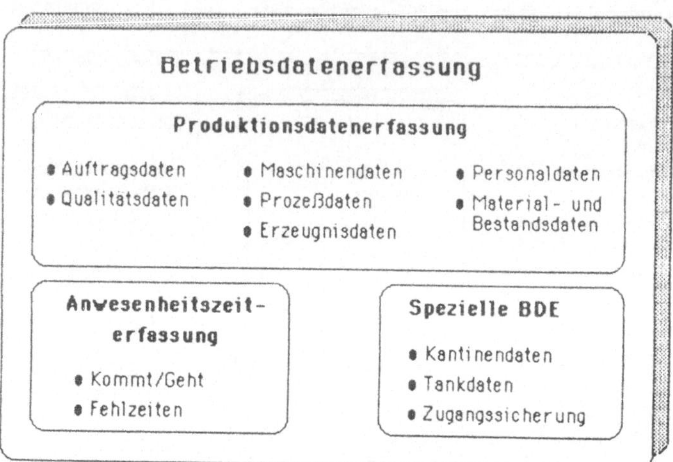

Abb. 2.5-3: Teilbereiche der BDE und Betriebsdatenarten
(in Anlehnung an ROSCHMANN 1979, S.18; VIRNICH 1985a, S.10)

Im Rahmen der **Produktionsdatenerfassung** werden folgende Betriebsdatenarten unterschieden:

Auftragsdaten beschreiben den Ablauf der Auftragsabwicklung. Sie umfassen beispielsweise: Produzierte Mengen, Termine der Abarbeitung von Arbeitsvorgängen.

Maschinendaten geben Auskunft über den Zustand und die Nutzung von Betriebsmitteln. Hierzu gehören im wesentlichen: Nutzungszeiten, Stillstandszeiten, Stillstandsgründe, produzierte Mengen.

Personaldaten geben Auskunft über die Zuordnung Mensch-Auftrag-Betriebsmittel. Damit können sie insbesondere als Grundlage für die Lohnabrechnung dienen.

Material- und Bestandsdaten geben Auskunft über Verbräuche und Bestände an Roh- und Hilfsstoffen sowie Art, Menge und Zustand übriger Bestände, wie z.B. an Halbfabrikaten, Fertigteilen.

Qualitätsdaten liefern Informationen für das Qualitätswesen, z.B. über Ausschußmengen, Ausschußgründe, Analysewerte. Auch **Prozeßdaten** (verfahrenstechnische Daten), wie Drücke und Temperaturen (Druckgießmaschine) können Aussagen zur Qualität des Fertigungsprozesses und damit zur Qualität des Erzeugnisses machen. Ihre Dokumentation wird auch zunehmend für Fragen der Produkthaftung von Interesse. Die Einhaltung der Prozeßparameter selbst ist nicht Aufgabe der BDE, sondern der Prozeßsteuerung.

Erzeugnisdaten sind insbesondere bei Massenfertigung und beim Urformen (z.B. Gießen) von Interesse. Sie dienen auftragsübergreifend der Kontrolle der Plandaten, die das Erzeugnis und die wesentlichen Bestimmungsfaktoren seines Herstellungsprozesses beschreiben (wie z.B. Zahl der Speisungsbereiche oder das Kernvolumen bei Gußteilen). Damit sind sie eine wichtige Grundlage vor allem für die Kalkulation. Ein großer Teil der Erzeugnisdaten deckt sich mit einzelnen Auftrags-, Material- sowie Bestands- und Qualitätsdaten und kann somit bereits im Rahmen der Erfassung dieser Daten miterfaßt werden. Wegen ihrer speziellen Bedeutung für einzelne Branchen werden sie zumeist nicht näher erwähnt (vgl. VIRNICH, NITZSCHE, BENTLER 1985, S.3).

Die Produktionsdatenerfassung macht den Kernbereich der BDE aus. Die **Anwesenheitszeiterfassung** erfaßt Kommen und Gehen der Mitarbeiter und gewinnt insbesondere bei der Einführung von Gleitzeit an Bedeutung. Die **spezielle BDE** beinhaltet die automatische Erfassung von Kantinendaten oder Tankdaten und die Sicherung bestimmter betrieblicher Bereiche gegen unbefugten Zutritt.

Da die Besonderheiten der einzelnen Produktionsbereiche hinsichtlich der BDE im Rahmen der Produktionsdatenerfassung liegen und die Problematik hinsichtlich Anwesenheitszeiterfassung und spezieller BDE für alle diese Bereiche gleich groß oder gering ist, soll im folgenden nur noch die Produktionsdatenerfassung betrachtet werden.

Wie aus der obigen Beschreibung der Produktionsdatenarten hervorgeht, sind auch diese Ausführungen von dem Hintergrund einer Datenerfassung im Fertigungsbereich geprägt. Prüft man diese Datenarten hinsichtlich ihrer Relevanz für die Bereiche Konstruktion und Arbeitsplanung, so verbleiben nur die Auftragsdaten und die Personaldaten. Maschinendaten - oder allgemeiner gesagt: Betriebsmitteldaten - könnten prinzipiell auch in diesen beiden Bereichen erfaßt werden, wenn entsprechende Betriebsmittel, wie CAD- oder CAP-Systeme eingesetzt werden. Die Praxisrelevanz einer solchen Datenerfassung läßt sich aber bisher noch nicht erkennen. Alle übrigen aufgeführten Produktionsdatenarten sind fertigungsbereichsspezifisch.

Schließlich soll hier noch der Begriff "Betriebsdatenerfassungs-System" diskutiert werden:

"Ein **Betriebsdatenerfassungs-System** ist ein Hilfsmittel zur Erfassung und Ausgabe betrieblicher Daten mit Hilfe von automatisch arbeitenden Datengebern (Sensoren) und/oder personell bedienten Datenstationen im Betriebsgeschehen. Die Systeme können als ergänzende Eigenschaften über Datenverarbeitungsmöglichkeiten verfügen. Datenstation, Betriebsdaten-erfassungs-Station und Terminal sind die konstruktive Zusammenfassung der jeweils benötigten Datenendgeräte, mit deren Hilfe die unterschiedlichen Daten erfaßt bzw. Steuerinformationen ausgegeben werden können." (ROSCHMANN u.a. 1979, S. 16).

Ein BDE-System im hier zugrunde gelegten erweiterten Sinne (mit ergänzenden Eigenschaften) ist somit ein EDV-System, bestehend aus Hard- und Software, das der Erfassung, Prüfung und gegebenenfalls Korrektur, der Aufbereitung sowie Aus- und Weitergabe von Betriebsdaten dient. Mit Zunahme der Verarbeitungsfunktionen wird die Abgrenzung des Betriebsdaten-erfassungs-Systems gegenüber einem Betriebsdatenverarbeitungs-System schwierig, man findet daher auch Bezeichnungskombinationen wie BDE-/BDV-System oder BDEV-System, wobei die Abkürzung BDV für Betriebsdatenverarbeitung steht. Im Fertigungsbereich sind damit in der Regel Fertigungssteuerungssysteme bzw. Werkstattsteuerungssysteme gemeint; mit zunehmendem Einsatz flexibel automatisierter Betriebsmittel im Bereich der Fertigung wird es hier zur verstärkten Integration von BDE- und Fertigungsleitsystemen kommen (vgl. NITZSCHE, VIRNICH 1985).

Als BDE-System sei daher ein EDV-System bezeichnet, welches hauptsächlich der BDE dient. Es sei an dieser Stelle gleich darauf hingewiesen, daß eine EDV-Unterstützung bei der BDE sehr wohl auch ohne ein eigenes

BDE-System erfolgen kann, indem nämlich andere EDV-Systeme hierfür mit-
genutzt werden. Denn grundsätzlich kann jedes EDV-System, in das in
irgendeiner Form Betriebsdaten einfließen, eine EDV-Unterstützung bei
der BDE liefern, auch wenn es in der Hauptsache anderen Zwecken als der
BDE dient (vgl. VIRNICH, NITZSCHE, BENTLER 1985, S. 4).

Auf die vielfältigen Möglichkeiten zur Gestaltung der Betriebsdatenerfassung im Fertigungsbereich und die dafür zur Verfügung stehenden EDV-
technischen Hilfsmittel soll hier nicht näher eingegangen werden.
Stattdessen sei auf weiterführende Literatur verwiesen (VIRNICH, POSTEN
1986; VIRNICH 1985a; VIRNICH, NITZSCHE, BENTLER 1985; NITZSCHE, VIRNICH
1985; ROSCHMANN 1985; NEUNHEUSER 1982, DOSCH 1982, ROSCHMANN 1979).

3.   Stand der Forschung

3.1 Stand der Rationalisierungsbemühungen in Konstruktion und Arbeits-
planung

Lange Zeit konzentrierten sich die Rationalisierungsbemühungen der Maschinenbaubetriebe auf die Fertigung. Den anderen Produktionsbereichen, insbesondere der Konstruktion und Arbeitsplanung, wurde in dieser Hinsicht weniger Beachtung zuteil (vgl. RADERMACHER 1983a, S.925).

Bei den relativ wenigen Rationalisierungsmaßnahmen, die dennoch in diesen Bereichen durchgeführt wurden, handelte es sich in aller Regel um "direkte" Maßnahmen, d.h. um solche Maßnahmen, die die Arbeitsprozesse in Konstruktion und Arbeitsplanung selbst betreffen (vgl. BULLINGER 1976, S. 20). Als Beispiel kann man die Einführung neuer technischer Hilfsmittel wie etwa Taschenrechner, Plottersysteme oder Mikrofilmanlagen nennen. Insbesondere CAD-Systeme stehen in der jüngsten Vergangenheit im Brennpunkt des Interesses von Mitarbeitern und Führungskräften der Konstruktion.

Obschon aus dem Bereich der Forschung in der ersten Hälfte der siebziger Jahre eine Reihe von entsprechenden Impulsen und Entwicklungen kam, unterblieb eine Umsetzung von Maßnahmen, die auf eine Verbesserung der organisatorischen Planung und Steuerung in den Bereichen Konstruktion und Arbeitsvorbereitung zielen, in der betrieblichen Praxis lange Zeit fast völlig.

Als eine wesentliche Ursache, die zu diesen Versäumnissen geführt hat, muß die häufig vertretene Meinung angesehen werden, daß die Tätigkeiten in diesen Bereichen überwiegend geistig-schöpferischer Art seien und sich damit grundsätzlich einer systematischen Planung und Steuerung entzögen. In diesem Zusammenhang sind auch die vielfach befürchteten Akzeptanzbarrieren zu sehen, die in einem anderen Selbstverständnis der Mitarbeiter aus den "technischen Bürobereichen" ("white collar") gegenüber denen aus der Fertigung ("blue collar") gründen.

Das Fehlen intensiver Aktivitäten zur Verbesserung der Transparenz des Geschehens sowie der Planung und Steuerung der Abläufe in Konstruktion und Arbeitsplanung steht besonders zu dem Umstand in Widerspruch, daß in vielen Maschinenbaubetrieben ein erheblicher Teil der Durchlaufzeit der Aufträge gerade in diesen Bereichen beansprucht wird. Wie bereits einleitend beschrieben, benötigen Konstruktion und Arbeitsplanung mit 25%-65% an der Gesamtdurchlaufzeit häufig sogar den größten Anteil (vgl. PITRA 1982, S.3; HELFRICH 1980, S. 281; HEUWING 1974, S. 1; STOMMEL 1968, S. 23).

Damit muß auch die Wirkung der Planungs- und Steuerungssysteme für die Fertigungsbereiche - aus dem Gesamtzusammenhang heraus betrachtet - in Frage gestellt werden. SÄMANN hat dies bereits 1970 deutlich formuliert: "Es ist zum Beispiel unlogisch, im Produktionsbereich bei den Fertigungszeiten Hundertstel-Minuten unter nicht unerheblichem Aufwand einzusparen, wenn gleichzeitig im Büro unerkannt Stunden und Tage vergehen. Es scheint, als sei die Gültigkeit der Begriffe 'Zeit' und 'Kosten' hier noch nicht recht erkannt worden." (SÄMANN 1970, S. 422; vgl. auch BULLINGER 1975, S. 360).

Eine weitere Diskrepanz zwischen Bedeutung und Rationalisierungsniveau wird erkennbar, wenn man die unterschiedliche Kostenverantwortung der verschiedenen Unternehmensbereiche untersucht. Mit ca. 80% wird der bei weitem größte Teil der Kosten in Konstruktion und Arbeitsplanung festgelegt (siehe Abbildung 3.1-1).

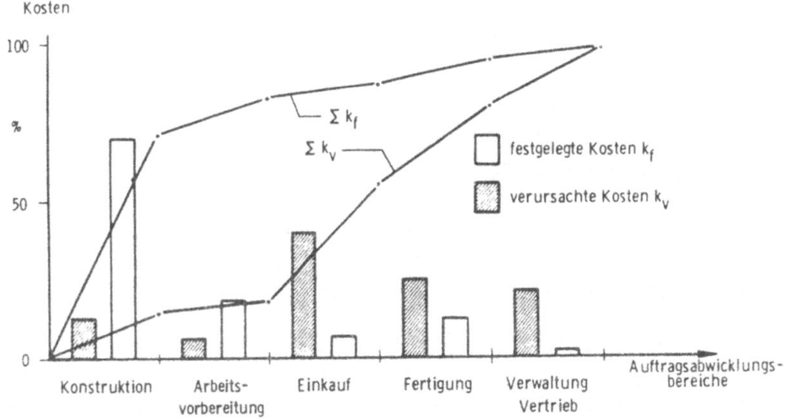

Abb. 3.1-1: Kostenfestlegung und Kostenverursachung der Auftragsabwicklungsbereiche (EVERSHEIM 1982, S.5)

Insgesamt läßt sich feststellen, daß das Rationalisierungsniveau, wie es gegenwärtig in Konstruktion und Arbeitsplanung anzutreffen ist, bei weitem nicht der Bedeutung dieser Bereiche entspricht.

Für die Zukunft ist zudem zu erwarten, daß der Druck auf Konstruktion und Arbeitsplanung noch zunimmt. So verlangen die Kunden von Maschinenbauunternehmen immer häufiger komplette "Problemlösungen", oft ohne genaue Hinweise zur Auslegung der entsprechenden Maschine oder Anlage geben zu können. Gleichzeitig sinken die zugestandenen Lieferfristen, die oft mit der Vereinbarung von Konventionalstrafen einhergehen.

Bei dem verstärkten Einsatz von Maschinen mit hohem Automatisierungsgrad verlagern sich außerdem eine Reihe von Tätigkeiten, die früher dem Bereich der Fertigung selbst zugerechnet wurden, in die der Fertigung vorgelagerten Bereiche. Als Beispiel sind etwa das NC-gerechte Bemaßen und Kollisionsberechnungen zu nennen (vgl. WARNECKE, HICHERT 1980b, S. 29), sowie in vielen Fällen auch die NC-Programmierung.

Darüber hinaus steigen die Anforderungen an Präzision und Detaillierungsgrad besonders der Arbeitsplanung mit zunehmender Fertigungsautomatisierung überproportional an und damit auch der erforderliche Arbeits- und Zeitaufwand. Inwieweit diese Aufwandssteigerung z.B. durch den Einsatz von CAP-Systemen aufgefangen werden kann, läßt sich heute noch nicht abschätzen.

3.2 Konzepte zur Überwindung des Rationalisierungsdefizits in Konstruktion und Arbeitsplanung

In dem Maße, wie Konstruktion und Arbeitsplanung zunehmend als Engpaßbereiche erkannt werden, mehren sich in jüngerer Zeit auch in der betrieblichen Praxis die Forderungen, das in diesen Bereichen vorhandene Rationalisierungspotential zu erschließen.

Hierzu sollen zum einen die ausführenden Tätigkeiten in diesen Bereichen durch verstärkten EDV-Einsatz mittels CAD- und CAP-Systemen unterstützt werden. Diese EDV-Unterstützung darf jedoch nicht mit voneinander isolierten Einzelsystemen geschehen, sondern sie ist im Rahmen der vertikalen, technischen Integration des CAD/CAM auf dem Wege zu einer rechnerintegrierten Produktion zu sehen. Diese Forderung, die z.B. bereits 1971 von OPITZ erhoben wurde (OPITZ 1971, S.103), beginnt erst in jüngerer Zeit in der Praxis Raum zu greifen.

Ähnlich verhält es sich mit der Nutzung der im organisatorischen Bereich liegenden Rationalisierungsreserven. Auch hier sind Verbesserungsvorschläge und -konzepte bereits zu Beginn der 70er Jahre in der Literatur veröffentlicht worden. Als Schwerpunkte erforderlicher Verbesserungsmaßnahmen kristallisierten sich dabei heraus

- die Einbeziehung der Bereiche Konstruktion und Arbeitsplanung in die PPS und

- die Einführung einer Arbeitsplanung für die der Fertigung vorgelagerten indirekten Bereiche und in diesem Zusammenhang die Ermittlung von Planzeiten als Voraussetzung für eine adäquate Termin- und Kapazitätsplanung dieser Bereiche.

In mehreren Untersuchungen wurde aufgezeigt, daß sich Konstruktion und Arbeitsplanung nicht - wie häufig angenommen - generell aufgrund der ihnen innewohnenden Eigenheiten einer systematischen Planung verschließen. So beanspruchen auch in der Konstruktion die "nicht-schöpferischen" Tätigkeiten durchaus den größten Zeitanteil (vgl. BULLINGER 1976, S.42; HILDEBRANDT 1968,S.6). Ebenso lassen sich ähnlich wie in der Fertigung auch typische Ablaufstrukturen erkennen (vgl. HEUWING 1974, S.11).

Damit eröffnet sich auch die Planung der Bereiche Konstruktion und Arbeitsplanung methodischen Ansätzen. So stellt HILDEBRANDT (1968) Methoden zur Zeitanalyse und Zeitplanung in der Konstruktion vor, desgleichen WEBER (1969) und KAINZ (1975). HEINISCH, SÄMANN (1973) befassen sich mit den Möglichkeiten des Aufbaus und der Anwendung von Planzeiten im Büro (Schreibbüro, Konstruktionsbüro, Verkaufsbüro). ULENBERG (1980) beschreibt die in einem Maschinenbauunternehmen angewandte systematische Ist-Stunden-Auswertung zur Findung von Planzeiten für die Konstruktion. ALMENRÄDER leistet einen Beitrag zur Bestimmung des Zeitaufwandes für

die Funktion "Arbeitsplanerstellung" im Maschinenbau (ALMENRÄDER 1983).
Mit der "Kennzahlenmethode auf Zeitbasis (KAZ)" wurde ein wirkungsvolles
Instrumentarium geschaffen, um den Kapazitäts- und Personalbedarf in
indirekten Bereichen zu bestimmen (vgl. HEMMERS, KONRAD, ROLLMANN 1985).
Basis ist dabei eine Strukturierung der anfallenden Aufgaben und Bear-
beitungsobjekte, aus der unter Berücksichtigung verschiedener Einflußgrößen Planzeiten abgeleitet werden. Diese werden dann zu Kapazitäts-
und Personalbedarfsbetrachtungen herangezogen.

Erfahrungsberichte zur Einführung der KAZ geben HUMRICH (1985) und
BARTELS (1985) für den Konstruktionsbereich sowie STOMMEL (1985) für den
Bereich der Arbeitsplanung.

Mit der Ermittlung von Planzeiten für die indirekten Bereiche wächst
auch das Aufgabengebiet der Arbeitsplanung, die sich nun nicht mehr als
Arbeitsplanung bloß für die Fertigung, sondern als Arbeitsplanung für
die Produktion darstellt. In konsequenter Verfolgung dieses Gedankens
wird vorgeschlagen, auch im Konstuktionsbereich - analog zur Situation
in der Fertigung - die planenden, steuernden und vorbereitenden Tätigkeiten deutlich von denen der Ausführung zu trennen und dementsprechend
eine eigene "Konstruktionsvorbereitung" einzurichten (vgl. MENZEL 1981;
RADERMACHER 1983a und 1983b). Eine entsprechende Empfehlung aufgrund
einer konkreten Betriebsuntersuchung gibt GILLESSEN (1986).

Mit den spezifischen Belangen der Planung und Kontrolle in der Konstruktion befassen sich EICHLER, WALZ (1973). BULLINGER (1976) beschäftigt
sich mit dieser Fragestellung intensiv unter dem Aspekt des EDV-Einsatzes. Seine Software-Analyse zeigt, daß die untersuchten Programme zur
Termin- und Kapazitätsplanung im Konstruktionsbereich wesentliche Anforderungen nicht erfüllen. Dabei wurden sowohl für den Einsatz im Fertigungsbereich entwickelte Termin- und Kapazitätsplanungsprogramme untersucht, als auch sonstige spezielle Terminplanungsprogramme, z.T. auf
Basis der Netzplantechnik.

Das erkannte Defizit an geeigneter Software führte zu Beginn der siebziger Jahre zu einem umfangreichen Forschungsprojekt des VDMA, in dem ein
System zur Terminplanung im Konstruktionsbereich (TERMIKON) entwickelt
wurde. Dieses Projekt brachte auch eine Reihe von Veröffentlichungen

hervor. Hier sind insbesondere zu nennen BULLINGER, GRAF, HICHERT, KUNERTH (1972); BULLINGER, DANGELMAIER, HICHERT (1973a und 1973b); BEITZ, KRUMHAUER, GRABOWSKI, HEUWING (1973); OPITZ, GRABOWSKI, HEUWING (1973) und FALKENHAUSEN, WEIß, WILHELM (1974).

Auf die unzureichenden Möglichkeiten, die heutige PPS-Systeme zur Unterstützung der Produktionsplanung und -steuerung in Konstruktion und Arbeitsplanung bieten, wird von KITTEL hingewiesen:

"Werden EDV-gestützte Lösungen für eine Planung und Steuerung angeboten, welche die sogenannten Vorlaufbereiche 'Konstruktion' und 'Arbeitsvorbereitung'[1) mit einbeziehen, so fällt zweierlei auf:

- Zum einen handelt es sich dabei häufig um separate Programme, welche eigenständig lauffähig sind und zumeist einen eigenen Planungsdatenbestand für die Planung heranziehen. Die Schnittstellen zu den herkömmlichen PPS-Systemen fehlen dabei in der Regel völlig.

- Zum anderen unterscheiden sich diese Systeme vielfach durch ihren Feinheitsgrad von den anderen Planungs- und Steuerungssystemen. So werden für eine integrierte Planung und Steuerung aller Produktionsbereiche sehr häufig sogenannte Grobplanungssysteme auf der Basis der Netzplantechnik eingesetzt." (KITTEL 1983, S.24).

Abbildung 3.2-1 verdeutlicht diese Verhältnisse.

Wie die o.a. Ausführungen von KITTEL zeigen, kann man in der Regel nicht damit rechnen, den gesamten Aufgabenumfang der PPS auf einem PPS-System integriert vorzufinden. Denkbar - und praxisüblich - ist vielmehr die

---

1) KITTEL verwendet den überkommenen Begriff "Arbeitsvorbereitung" anstelle des - im Rahmen der dieser Arbeit zugrunde gelegten funktionalen Gliederung der Produktion - korrekten Begriffs "Arbeitsplanung". Zur Abgrenzung der Begriffe Arbeitsplanung und Arbeitsvorbereitung sei auf HACKSTEIN (1985, S.14-17) verwiesen.

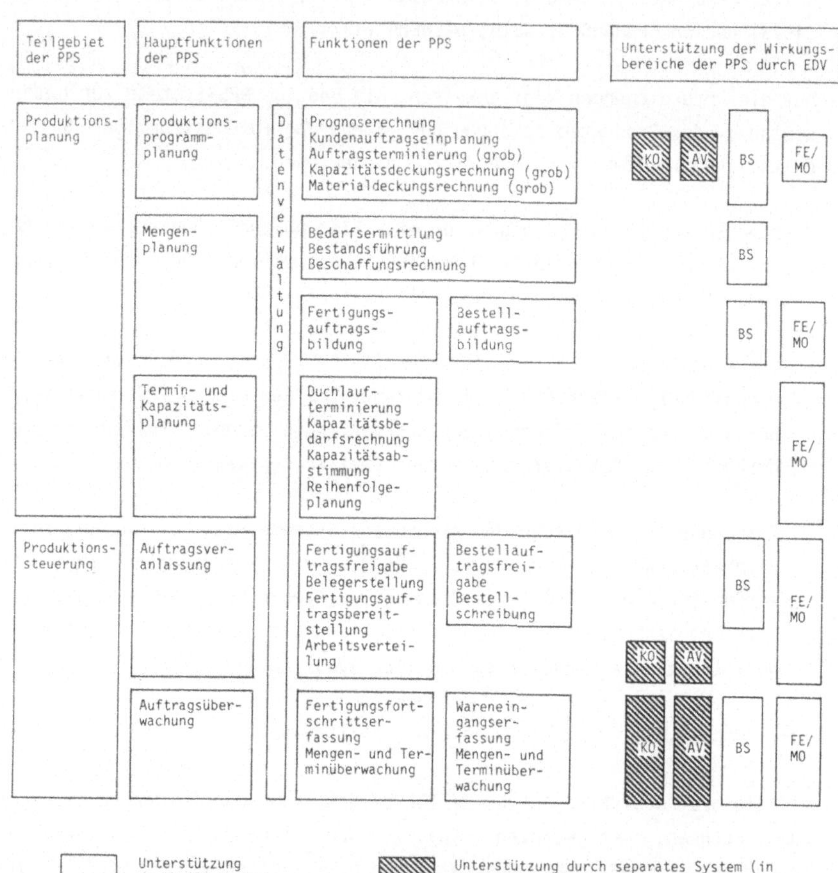

Abb. 3.2-1: Unterstützung der Wirkungsbereiche der PPS durch heutige
PPS-Systeme (KITTEL 1983, S.25)

KO = Konstruktion

AV = Arbeitsvorbereitung (i.S.v. Arbeitsplanung)

BS = Beschaffung

FE/MO = Teilefertigung/Montage = Fertigung

Verwendung einer Reihe von Mischformen (vgl. auch VIRNICH 1985b). Außerdem kann im Prinzip jedes bereichsinterne PPS-System zum bereichsübergreifenden erweitert werden, indem die übrigen Produktionsbereiche als Kapazitätsstellen definiert werden und der Arbeitsplan um die Tätigkeiten dieser Bereiche "verlängert" wird. Es ist einsichtig, daß dieses Verfahren nur innerhalb gewisser Grenzen funktionieren kann, da jeder Produktionsbereich über eine Reihe von bereichsspezifischen Anforderungen an die PPS verfügt. Eine einfache Überwachung des Produktionsfortschritts läßt sich so noch am ehesten realisieren. Bei weitergehender EDV-Unterstützung wird jedoch häufig der Einsatz mehrerer, voneinander unabhängiger EDV-Systeme notwendig, wobei sich insbesondere die Frage der Schnittstellenproblematik stellt.

Unbestritten ist in der Literatur jedoch die grundsätzliche Bedeutung einer bereichsübergreifenden Planung aller Produktionsbereiche bzw. eine zweistufige Planung und Steuerung im Sinne einer Grob- und Feinplanung bzw. -steuerung (vgl. HACKSTEIN, PETERMANN 1985; PITRA 1982).

Während die Feinplanung bzw. -steuerung großenteils von einzelnen, den jeweiligen Produktionsbereichen zugeordneten Stellen wahrgenommen wird, erfolgt die Planung und Steuerung der Gesamtauftragsabwicklung sinnvollerweise auf einer gröberen Ebene in einer allen Bereichen übergeordneten zentralen Stelle, dem "Auftragszentrum" (vgl. GERLACH 1983) bzw. der "Auftragsleitstelle" (vgl. BRANKAMP,SCHLUH 1985; VDMA 1978). Dafür ist es notwendig, daß alle den Auftragsdurchlauf betreffenden wesentlichen Informationen vollständig, zwangsläufig und möglichst ohne zeitlichen Verzug an diese Stelle weitergeleitet werden. Nur so kann dem Entstehen von schlecht abgestimmten Teilplänen, wie es bei organisatorischen Insellösungen häufig der Fall ist, entgegengewirkt werden.

3.3 Stand der BDE in Konstruktion und Arbeitsplanung

Die Beschränkung auf den Bereich der Fertigung ist praktisch für die gesamte "Standardliteratur" zur BDE symptomatisch. Hinweise zur Gestaltung der Betriebsdatenerfassung in Konstruktion und Arbeitsplanung sind dagegen eher unter den Stichworten:

- Grobplanung
- Gesamtauftragsplanung und -steuerung
- Zentrale Auftragsabwicklung
- Ablaufplanung bzw. Terminplanung in der Konstruktion
- Systematisierung des Konstruktionsprozesses
- Arbeitsvorbereitung der Konstruktion
- Planzeiten im Büro
- Steuerung von Büroarbeit

zu finden.

Im Vordergrund steht dabei häufig die Planzeitermittlung. Hinweise aus dem Gebiet des Projektmanagements für Planungszwecke sind meist nur beschränkt brauchbar. Sie beziehen sich in der Regel auf einmalige, länger andauernde Projekte: Eine Situation, wie sie im typischen Maschinenbaubetrieb, bei der eine Vielzahl von Aufträgen um knappe Kapazitäten konkurriert, nicht gegeben ist.

Die wenigen in der Literatur beschriebenen Methoden zur Betriebsdatenerfassung in Konstruktion und Arbeitsvorbereitung spiegeln das erhebliche Rationalisierungsdefizit dieser Bereiche in Bezug auf eine wirkungsvollere Ablauforganisation deutlich wider.

Ein Großteil der Literatur zu diesem Themenbereich, in der die BDE zwar inhaltlich mit abgehandelt wird - wenn auch meist nur kurz- kaum aber als solche explizit erwähnt wird, stammt aus der ersten Hälfte der siebziger Jahre. Zu dieser Zeit befaßte man sich bereits einmal umfassender und überwiegend vom wissenschaftlichen Standpunkt aus mit dem Problemkreis der Planung, Steuerung und Datenerfassung vor allem in der Konstruktion. Die Bemühungen um dieses Thema wurden in den folgenden Jahren dann aber von anderen Problemkreisen in den Hintergrund gedrängt.

Aufgrund der historischen Rahmenbedingungen sind die in der Literatur erwähnten Verfahren zur BDE in Konstruktion und Arbeitsplanung überwiegend belegorientiert, d.h. die anfallenden Betriebsdaten werden vom Konstrukteur oder Arbeitsplaner zunächst auf einem Erfassungsbeleg mittels Selbstaufschreibung festgehalten. In einigen Fällen kann die Erfassung auch durch eine andere Person, etwa den Gruppen- oder Abteilungsleiter, erfolgen. Der Beleg wird dann entweder sofort oder erst zu festgesetzten Zeitpunkten, etwa am Wochen- oder Monatsende, an die übergeordnete Planungs- und Steuerungsstelle weitergeleitet. Dort kann die Auswertung manuell, beispielsweise mit Hilfe einer Plantafel, oder nach entsprechender Datenumsetzung mit einer EDV-Anlage erfolgen. Im letzteren Fall wird auch die Verwendung von ablochfähigen Belegen vorgeschlagen.

Aufgrund des allgemeinen Fehlens konkreter Hinweise zur weitergehenden EDV-Unterstützung der Betriebsdatenerfassung in Konstruktion und Arbeitsplanung beziehen sich die folgenden Ausführungen auch überwiegend auf die konventionell belegorientierten Gestaltungsformen.

Dabei zeigt sich, daß in der Literatur vor allem der Konstruktionsbereich betrachtet wird, vermutlich aufgrund seines erheblich höheren Anteils an der Gesamtdurchlaufzeit der Aufträge. Allerdings ist zu beachten, daß in einigen Fällen der Konstruktion Aufgaben zugerechnet werden, die eigentlich in den Zuständigkeitsbereich der Arbeitsplanung fallen. Dementsprechend lassen sich die betreffenden Hinweise zur Gestaltung der BDE durchaus auch auf die Arbeitsplanung anwenden.

Die konventionell belegorientierten Gestaltungsformen lassen sich in Anlehnung an HEUWING (1974, S.91-93) folgendermaßen systematisieren (die von HEUWING benutzten Bezeichnungen sind jeweils in Klammern angegeben, sofern sie nicht im folgenden übernommen werden):

- Kapazitätsstellenbezogene (Kapazitätsbezogene) Erfassung

  Bei dieser Gestaltungsform wird über regelmäßige Zeitspannen periodisch (z.B. monatlich) je Kapazitätsstelle (im allgemeinen je Konstrukteur oder Arbeitsplaner) ein Erfassungsformular ausgefüllt, in dem die innerhalb der betreffenden Zeitspanne bearbeiteten Objekte aufgeführt werden.

- Objektbezogene (Datenträgerbezogene) Erfassung

In diesem Fall wird je Rückmeldeobjekt [1] ein Erfassungsformular erstellt. Dort werden alle an diesem Objekt im Verlaufe der Auftragsabwicklung durchgeführten Arbeitsvorgänge eingetragen.

- Einzelerfassung

Dabei wird je Rückmeldeobjekt und Arbeitsvorgang eine eigene Rückmeldung erstellt.

Diese Systematik ist in Abbildung 3.3-1 noch einmal graphisch dargestellt.

Hinsichtlich weiterführender Literatur zur kapazitätsstellenbezogenen
Erfassung sei hier verwiesen auf MIESE, VOEGELE (1980); HOFF (1978);
HUBKA (1976); KAINZ (1975); HEUWING (1974); KLEPSCH (1970). Nähere Aus-
führungen zur objektbezogenen Erfassung sind bei HEUWING (1974) zu fin-
den, zur Einzelerfassung bei SCHLUH, STEPHAN, HELBIG (1978); HEDSTÜCK,
SCHNEIDER, EITSCHBERGER (1978), HEUWING (1974); OPITZ, GRABOWSKI,
HEUWING (1973).

Eine weitergehende EDV-Unterstützung, wie etwa die Eingabe der Betriebsdaten über die Tastatur eines dezentral aufgestellten BDE-Terminals, was
den Vorteil hätte, schon bei der Primärdatenerfassung gewisse Format-
und Plausibilitätskontrollen vornehmen zu können, wird für die Bereiche
Konstruktion und Arbeitsvorbereitung nur in Einzelfällen vorgeschlagen.

---

1) Statt der Bezeichnung "(Rückmelde-)Objekt" wird von HEUWING und einigen anderen Autoren die Bezeichnung "Datenträger" verwendet. Nach REFA
sind Datenträger allgemein Hilfsmittel, "auf denen Daten erfaßt und
gespeichert und mit denen sie weitergegeben werden können" (REFA 1985,
S.167). Gemeint ist mit "Datenträger" bei HEUWING das zu Papier
gebrachte oder in einem rechnerinternen Modell abgespeicherte Ergebnis
der Konstruktions- und Arbeitsplanungstätigkeiten, bezogen auf Maschi-
nen-, Baugruppen- oder Teileebene, das gleichzeitig eine Arbeitsunterlage für die nachfolgenden Produktionsbereiche darstellt.

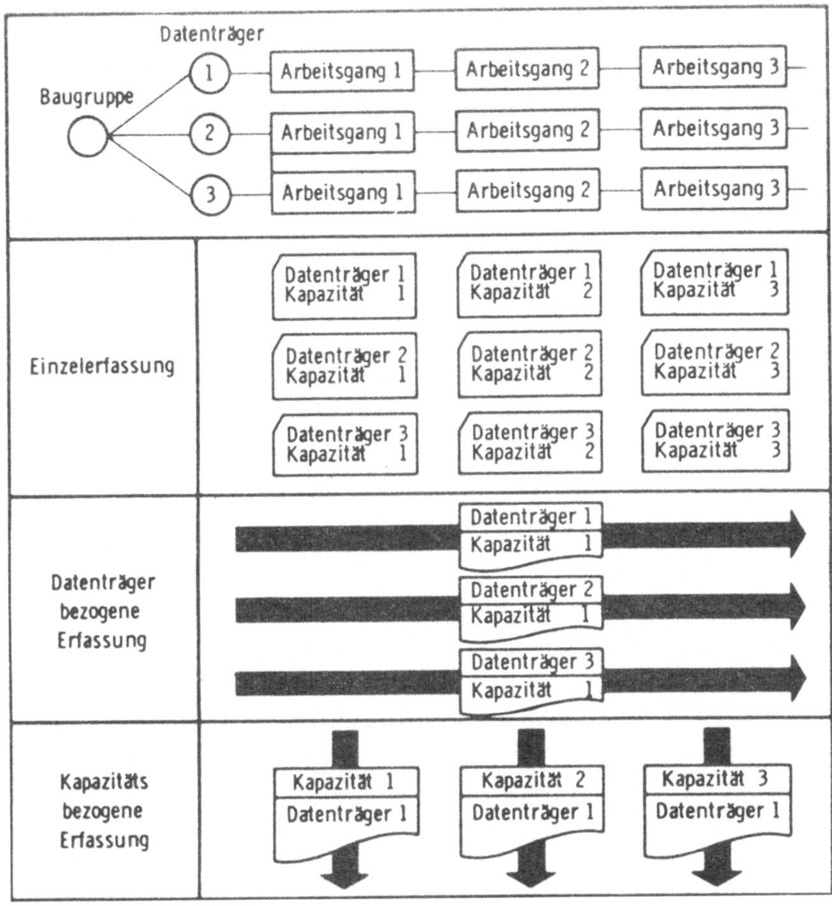

Abb. 3.3-1: Prinzipielle Möglichkeiten der Datenerfassung
(HEUWING 1974, S.92)

Dabei werden allerdings keine konkreten Angaben zur Realisierung gemacht. Man beschränkt sich auf den pauschalen Hinweis, die Betriebsdatenerfassung wie in der Fertigung zu organisieren, ohne dabei auf die
Besonderheiten der Gegebenheiten in Konstruktion und Arbeitsplanung ein-
zugehen.

Generell läßt sich zum EDV-Einsatz bei der Betriebsdatenerfassung in den Bereichen Konstruktion und Arbeitsplanung festhalten, daß es hierfür so gut wie keine eigenen BDE-Systeme gibt. Deren Einsatzbereich ist auf die Fertigung beschränkt, wie KITTEL aufgezeigt hat (vgl. auch THOMAS, SCHOMBURG 1982, S.104) und in Abbildung 3.3-2 dargestellt ist. "Mußte ... schon festgestellt werden, daß die Planung und Steuerung der Wirkungsbereiche 'Konstruktion' und 'Arbeitsvorbereitung' durch heutige PPS-Systeme nur sehr begrenzt unterstützt wird, so ist diese Feststellung für die Unterstützung dieser Bereiche durch BDE-Systeme um so berechtigter" (KITTEL 1983, S.35).

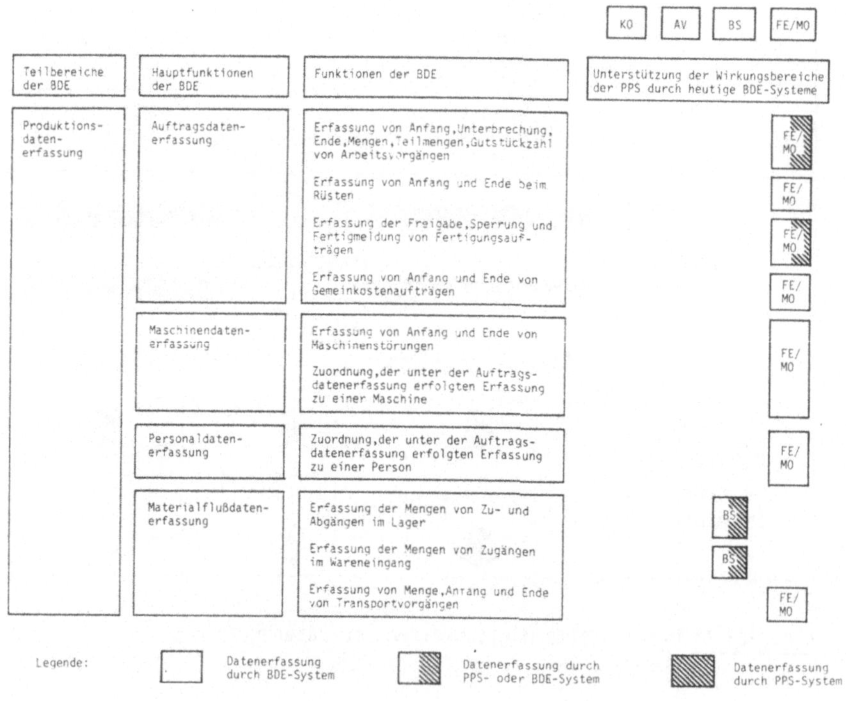

<u>Abb. 3.3-2:</u> Unterstützung der Wirkungsbereiche der PPS durch heutige BDE-Systeme (KITTEL 1983, S.36)

KO = Konstruktion

AV = Arbeitsvorbereitung (i.S.v. Arbeitsplanung)

BS = Beschaffung

FE/MO = Teilefertigung/Montage = Fertigung

So läßt sich im Zusammenhang mit der BDE in Konstruktion und Arbeitsplanung lediglich von einer EDV-Unterstützung bei der BDE sprechen, die im
Rahmen solcher EDV-Systeme erfolgt, deren Hauptzweck nicht die BDE,
sondern die Erfüllung einer anderen betrieblichen Aufgabe ist (z.B.
Grobplanung, Kostenrechnung usw.). Dementsprechend ist im folgenden der
EDV-Einsatz bei der BDE im Zusammenhang mit entsprechenden Grobpla-
nungssystemen, Projektplanungssystemen, Netzplanprogrammen, Kostenrech-
nungssystemen u.ä.m. zu sehen.

4. Vorgehensweise zur Ermittlung von Gestaltungshinweisen für die Betriebsdatenerfassung in Konstruktion und Arbeitsplanung

Um Hinweise für eine verbesserte Gestaltung der BDE in Konstruktion und Arbeitsplanung zu ermitteln, wird gemäß der in Abbildung 4-1 dargestellten Vorgehensweise verfahren.

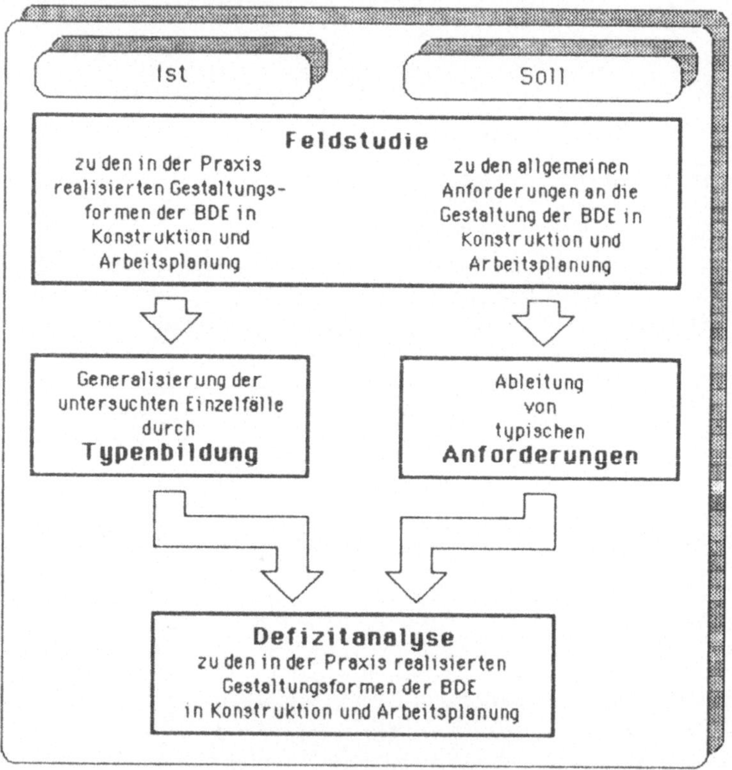

Abb. 4-1: Angewandte Vorgehensweise zur Ermittlung von Gestaltungshinweisen für die BDE in Konstruktion und Arbeitsplanung

Eine Feldstudie in Maschinenbaubetrieben dient zur Bestandsaufnahme von in der Praxis realisierten Gestaltungsformen der BDE in Konstruktion und Arbeitsplanung dieser Branche (Ist-Zustand). Dabei steht insbesondere die Einbeziehung EDV-technischer Hilfsmittel im Mittelpunkt der Betrachtungen.

Um von den untersuchten Einzelfällen zu generalisierenden Aussagen zu gelangen, wird durch Typenbildung die Vielfalt möglicher betriebsindividueller Ausprägungen auf einige grundlegende, aussagekräftige Gestaltungsformen reduziert.

Komplementär zu dieser Untersuchung des Ist-Zustandes wird aus den Betriebsuntersuchungen eine systematische Ableitung von maschinenbautypischen Anforderungen an die BDE in Konstruktion und Arbeitsplanung durchgeführt (Soll-Zustand).

Aus dem Vergleich der beiden Ergebnisse in Form einer Defizitanalyse resultieren dann schließlich Hinweise auf eine verbesserte Gestaltung der BDE vor dem Hintergrund einer umfassenden rechnerintegrierten Produktion (CIM).

5. Vergleichende Feldstudie und Typenbildung zu in der Praxis realisierten Gestaltungsformen der BDE in Konstruktion und Arbeitsplanung

5.1 Methodik der Vorgehensweise

Die Erfassung der in der Praxis realisierten Gestaltungsformen der BDE setzt eine strukturierte Vorgehensweise voraus, die die Forderung nach Objektivität der empirischen Untersuchung unterstützt (siehe Abbildung 5.1-1). Die dabei notwendigen Voraussetzungen schafft z.B. ein standardisiertes Erfassungsinstrumentarium und die Bereitstellung eines Auswerteschemas zur Ordnung und Gruppierung der erfaßten Daten nach noch näher zu spezifizierenden Kriterien (vgl. DICHTL, KAISER 1978, S. 490). Die Beschreibung von Betriebs- und Organisationsstrukturen basiert auf der Festlegung von Eigenschaften, die einer empirischen Erhebung zugänglich sind. Bei der Eigenschaftsbeschreibung ist die Frage nach der Relevanz der Eigenschaften im Hinblick auf die vorliegende Problemstellung besonders zu berücksichtigen.

Hier bietet sich die Typologie bzw. die Bildung von Klassen als geeignete Methode an, da sie durch Abstraktion die vielfältigen realen Erscheinungsformen zweckdienlich auf das Wesentliche reduziert. Die Abstraktion erfolgt dabei durch die Formulierung weniger, gedanklich verdichteter Eigenschaften (Merkmale) mit einer begrenzten Anzahl individueller Ausprägungen (Merkmalsausprägungen) (vgl. LEY 1984, S.60). "Das Prinzip der Klassenbildung erweist sich somit ... - ähnlich wie die Abstraktion - als ein nützliches Hilfsmittel zur Erkenntnis neuer und unbekannter Zusammenhänge" (BOCK 1974, S.13).

Die Auswahl der wesentlichen Merkmale richtet sich dabei nach dem jeweiligen Untersuchungsziel (vgl. KOSIOL 1972, S. 23).

Ziel dieses Kapitels ist es zum einen, die in der Praxis realisierten Gestaltungsformen der BDE in Konstruktion und Arbeitsplanung auf einige typische Organisationsformen zurückzuführen. Für das standardisierte Erfassungsinstrumentarium müssen daher zunächst die wesentlichen typbeschreibenden Merkmale und Merkmalsausprägungen der organisatorischen Gestaltungselemente der BDE bestimmt werden, wobei die unterschiedlichen Verwendungsbereiche der Betriebsdaten zu berücksichtigen sind.

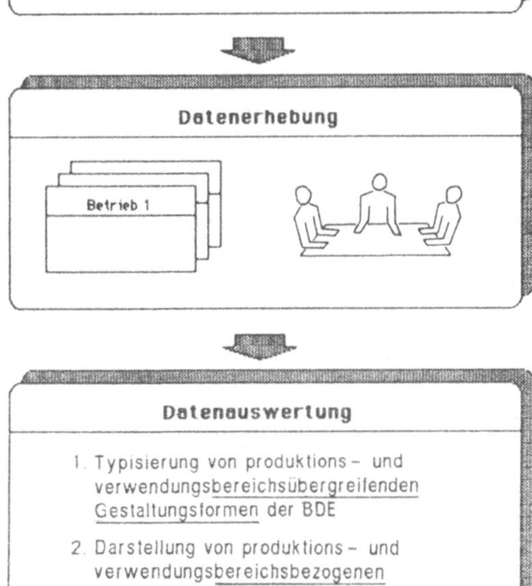

Abb. 5.1-1: Methodik der Vorgehensweise zur Erfassung und Typisierung
der in der Praxis realisierten Gestaltungsformen der BDE in
Konstruktion und Arbeitsplanung

Zum anderen ist es ein weiteres Ziel, Zusammenhänge zwischen den Organisationstypen und den die Betriebe charakterisierenden Merkmalen aufzudecken. Dementsprechend sind geeignete betriebliche Merkmale zu bestimmen.

Auf der Basis obiger Merkmale sind dann in einer Reihe von Betrieben die entsprechenden Daten zu den Merkmalsausprägungen zu erheben. Dies geschieht in Form einer vergleichenden Feldstudie.

"Als vergleichende Feldstudie wird ein Forschungsdesign bezeichnet, das einen Vergleich mehrerer Fälle zu einem Zeitpunkt bzw. innerhalb eines kurzen Zeitraums anstrebt" (KUBICEK 1975, S. 61). Vergleichende Feldstudien sind besonders zur Identifizierung relevanter Einflußfaktoren auf organisatorische Zusammenhänge unter Zuhilfenahme multivariater Datenanalysen sowie zur Bildung empirisch fundierter Typologien geeignet (vgl. KUBICEK 1975, S.66 ff). Mittels eines geeigneten Auswerteschemas ist dann durch ein typologisches Verfahren eine Einteilung der in der Praxis vorgefundenen Organisationsformen in bestimmte Typen vorzunehmen, mit dem Ziel, gleichzeitig die Vielfalt der möglichen, unterschiedlichen Kombinationen von Merkmalsausprägungen auf einige wesentliche zu reduzieren.

Abschließend soll versucht werden, die ermittelten Organisationsformen der BDE in Konstruktion und Arbeitsplanung in Relation zu bestimmten betrieblichen Merkmalen zu setzen.

5.2 Konzeptualisierung und Operationalisierung

5.2.1 Verwendungsbereiche von Betriebsdaten

Im Rahmen der EDV-unterstützten BDE in den Produktionsbereichen Konstruktion und Arbeitsplanung werden in der Regel keine eigenen "BDE-Systeme" - wie in der Fertigung üblich - eingesetzt. Die EDV-Unterstützung der Betriebsdatenerfassung erfolgt hier vielmehr im Rahmen der für einen bestimmten Verwendungszweck der Betriebsdaten eingesetzten Systeme (vgl. Kapitel 2.5). Daher orientiert sich die organisatorische Gestaltung der BDE in diesen Produktionsbereichen sehr stark an den für die verschiedenen Verwendungszwecke eingesetzten EDV-Systemen.

Im folgenden werden deshalb zunächst die Verwendungsbereiche hergeleitet und beschrieben, für die in der Konstruktion und Arbeitsplanung anfallende Betriebsdaten relevant sind. Für den Bereich der Fertigung sind zahlreiche Beschreibungen der Verwendungsbereiche von Betriebsdaten in der Literatur bekannt geworden. Nach BENDEICH (1977, S. 14) fällt der BDE die Aufgabe zu, Daten für folgende Funktionen bereitzustellen:

- Werkstattsteuerung,
- Fertigungssteuerung,
- Lohnfindung,
- Wartung und Instandhaltung,
- Qualitätswesen,
- Bestell- und Lagerwesen,
- Rechnungswesen,
- mittel- und langfristige Planung.

Nach ROSCHMANN u.a. bestehen "organisatorische Schnittstellen" (ROSCH-MANN u.a. 1979, S. 74) zu den Bereichen:

- Einkauf und Rechnungsprüfung,
- Fertigungssteuerung,
- Lagerdisposition,
- Auftragsbearbeitung,
- Kostenrechnung,
- Personalabrechnung (durch Lohndatenerfassung),
- vorbeugende Instandhaltung u.a.

Zusammenfassend wird die BDE "als Grundlage für die Steuerung, Planung und Abrechnung" gesehen (ROSCHMANN u.a. 1979, S.87).

VIRNICH, NITZSCHE, BENTLER (1985, S.5) betrachten neben den drei Berei-chen Planung, Steuerung und Abrechnung laut ROSCHMANN als vierten Ver-wendungsbereich die Plandatenermittlung und Produktivitätskontrolle (siehe Abbildung 5.2-1, linke Hälfte).

Da die Planung und die Steuerung der Produktion sich ergänzende Verwen-dungsbereiche darstellen - die Planung liefert die Führungsgrößen für die Auftragsabwicklung, die Steuerung die Maßnahmen zu ihrer Durchsetz-ung - werden sie im folgenden zu einem Verwendungsbereich Produktions-planung und -steuerung (PPS) zusammengefaßt. Im Sinne einer umfassenden Bedeutung des Begriffs "PPS" ist allerdings zwischen je einer bereichs-internen Planung und Steuerung der Produktionsbereiche Konstruktion und

Arbeitsplanung und einer für alle Produktionsbereiche bereichsübergreifenden PPS zu unterscheiden (vgl. hierzu die Ausführungen in Kapitel 2.4).

Die in den Produktionsbereichen Konstruktion und Arbeitsplanung relevanten Plandaten sind Planzeiten. Damit reduziert sich der Verwendungsbereich Plandatenermittlung auf die Planzeitermittlung. Die Produktivitätskontrolle ist in der Fertigung üblich zur Kontrolle der technischen Wirtschaftlichkeit der eingesetzten Produktionsfaktoren (vgl. VIRNICH, NITZSCHE, BENTLER 1985, S.7), d.h. hinsichtlich des mengenmäßigen Ertrages (gemessen z.B. in kg, Stück usw.) und des mengenmäßigen Einsatzes (gemessen z.B. in Betriebsmittel- und Werkstoffeinheiten). Eine solche Kontrolle der technischen Wirtschaftlichkeit ist in den Bereichen Konstruktion und Arbeitsplanung nicht gebräuchlich und wird daher hier im folgenden nicht weiter betrachtet.

Der Verwendungsbereich Abrechnung umfaßt die Bewertung der technischen und organisatorischen Daten in Geldeinheiten unter anderem für die Lohnabrechnung und die Betriebsabrechnung. Da in Konstruktion und Arbeitsplanung - im Gegensatz zur Fertigung - überwiegend Angestellte tätig sind, reduzieren sich die Abrechnungsaufgaben auf die Kostenrechnung.

Damit ergeben sich für die weiteren Betrachtungen die folgenden vier Verwendungsbereiche von Betriebsdaten (vgl. Abbildung 5.2-1):

(1) Bereichsinterne PPS,
(2) Bereichübergreifende PPS,
(3) Planzeitermittlung,
(4) Kostenrechnung.

Mit drei dieser vier Verwendungsbereiche, nämlich der bereichsinternen PPS, der bereichsübergreifenden PPS und der Planzeitermittlung werden genau die Bereiche angesprochen, die in der betrieblichen Praxis häufig noch ein hohes Rationalisierungsdefizit aufweisen, wie in den einleitenden Kapiteln dargestellt wurde.

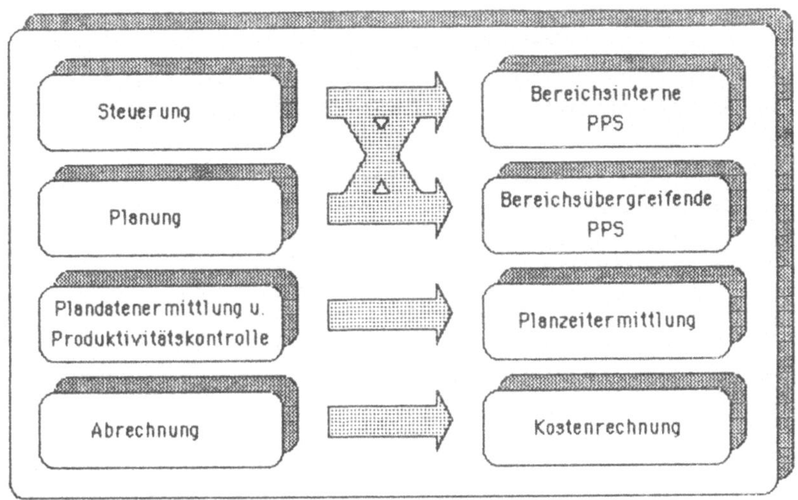

Abb. 5.2-1: Ableitung der Verwendungsbereiche von Betriebsdaten in den Produktionsbereichen Konstruktion und Arbeitsplanung

(1) Bereichsinterne PPS

Die bereichsinterne PPS befaßt sich mit der Planung und Steuerung der Aufträge innerhalb eines Produktionsbereiches. Für jeden Auftrag wird eine terminliche und/oder kapazitätsmäßige Planung der einzelnen Bearbeitungsabschnitte (Arbeitsvorgänge) innerhalb der Abteilung vorgenommen und ihre Durchführung überwacht.

Ziel der bereichsinternen PPS ist es, diese Aufgaben mit dem erforderlichen hohen Detaillierungsgrad bezüglich der einzelnen Bearbeitungsschritte und der betrachteten Kapazitätseinheiten durchzuführen. Bezogen auf die Planungsfunktionen wird in diesem Zusammenhang auch häufig von "Feinplanung" gesprochen (vgl. PITRA 1982).

Hervorstechendes Merkmal der bereichsinternen PPS ist es jedoch, daß die Informationen in erster Linie für bereichsinterne Zwecke Verwendung finden und nicht in ihrer Gesamtheit anderen Bereichen zur Verfügung stehen.

(2) Bereichsübergreifende PPS

Aufgabe der bereichsübergreifenden PPS ist die optimale Koordination der einzelnen Produktionsbereiche Konstruktion, Arbeitsplanung, Beschaffung und Fertigung zur Erreichung der Unternehmensziele wie z.B.:

- kurze Durchlaufzeiten der Aufträge,
- Einhaltung vorgegebener Endtermine,
- kostengünstige Auftragsdurchführung und
- hohe und gleichmäßige Auslastung der Kapazitäten.

Dabei sollen insbesondere Störungen und Verzögerungen in den vorgelagerten Bereichen frühzeitig erkannt werden, um ihre Auswirkungen auf die nachgelagerten Bereiche berücksichtigen zu können. Unter dem Planungsaspekt wird im Rahmen der bereichsübergreifenden PPS häufig eine "Grobplanung" durchgeführt. Zur Erfüllung ihrer Aufgaben benötigt die bereichsübergreifende PPS Betriebsdaten aus allen Produktionsbereichen, jedoch sind die Anforderungen an den Detaillierungsgrad der Informationen dementsprechend geringer als für die bereichsinterne PPS. So reicht als Information über die Kapazitätseinheit häufig die Abteilung, in der sich ein Auftrag zu einem bestimmten Zeitpunkt befindet und zur terminlichen Auftragsverfolgung genügt oft die Rückmeldung von "Meilenstein-" bzw. Eckterminen, wie z.B. die Meldung des Bearbeitungsendes in einer Abteilung.

(3) Planzeitermittlung

"Planzeiten sind Soll-Zeiten für bestimmte Abschnitte, deren Ablauf mit Hilfe von Einflußgrößen beschrieben ist" (HACKSTEIN 1977, S.541). Diese Planzeiten bilden die Grundlage für die Ermittlung des erwarteten Kapazitäts- und Personalbedarfs eines anstehenden Auftrags und machen ihn daher leichter planbar. Alle Planzeiten, auf denen die Produktionsplanung beruht, müssen ständig an der Realität gemessen und hinsichtlich Soll-Ist-Abweichungen analysiert werden. Sollten die Abweichungen prinzipieller Natur sein und nicht durch organisatorische, technische und personelle Maßnahmen beseitigt werden können, so sind die Planzeiten entsprechend zu korrigieren.

Im Gegensatz zu den Vorgabezeiten (vgl. REFA 1985b, S.23) im Fertigungsbereich sind die Planzeiten für Konstruktion und Arbeitsplanung in aller
Regel nicht leistungslohnrelevant, so daß ihre Ermittlung nach zwischen
den Tarifpartnern vereinbarten Methoden der Zeitermittlung in Konstruktion und Arbeitsplanung nicht erforderlich ist. Wie schon in den Ein-
gangskapiteln erwähnt, ist eine exakte Ermittlung der Planzeiten mit
einem Genauigkeitsgrad wie in der Fertigung auch gar nicht möglich, so
daß Planzeiten für die Konstruktion und Arbeitsplanung stets ungenauer
und mit größeren Toleranzen behaftet sind. Allerdings ist eine Planung
aufgrund statistisch ermittelter Planzeiten immer noch als besser anzusehen als eine Planung aufgrund von Schätzwerten bzw. im Extremfall gar
keine Planung.

(4) <u>Kostenrechnung</u>

Aufgabe der Kostenrechnung ist die Erfassung, Verteilung und Zurechnung
der Kosten, "die bei der betrieblichen Leistungserstellung und -verwer-
tung entstehen, zu dem Zwecke,

(1) durch Vergleich der Kosten mit der erstellten Leistung und somit
    durch Feststellung des Erfolges (kurzfristige Erfolgsrechnung) eine
    Kontrolle der Wirtschaftlichkeit des Betriebsprozesses zu ermög-
    lichen und dadurch eine Grundlage für betriebliche Dispositionen zu
    schaffen und

(2) auf der Grundlage der ermittelten Selbstkosten der Leistungen (Ko-
    stenträger) eine **Kalkulation des Angebotspreises** bzw. die Feststel-
    lung der Preisuntergrenze möglich zu machen." (WÖHE 1978, S. 727).

Für eine umfassende Kostenrechnung werden Betriebsdaten aus allen Produktionsbereichen benötigt, jedoch sind Aufbau und Organisation der Kostenrechnung in das Ermessen des Betriebes gestellt. "Die Kostenrechnung
ist eine innerbetriebliche Angelegenheit. Sie ist keine Rechenschaftsle-
gung gegenüber einem bestimmten Personenkreis. Ihr Gegenstand ist nicht
der gesamte betriebliche Prozeß eines Zeitraumes und der Zustand an
einem Zeitpunkt, sondern sie kann sich je nach der vom Betrieb gewünschten Ausgestaltung auf einzelne betriebliche Bereiche (Kostenstellen)

oder auf einzelne Produkte (Kostenträger) richten. Die Länge des Abrech-
nungszeitraums kann vom Betriebe ebenso bestimmt werden, wie das angewandte Verrechnungsverfahren (z.B. Istkosten-, Normalkosten- oder Plan-
kostenrechnung, Vollkosten- oder Teilkostenrechnung u.a.)." (WÖHE 1978,
S.729).

Von der hier beschriebenen Kostenrechnung ist die Kostenverfolgung, die
lediglich der Erfassung des Auftragsfortschritts auf einer Kostenbasis
dient, zu unterscheiden. Die Kostenverfolgung wird nicht in der betrieblichen Kostenrechnung wirksam und wird daher im folgenden der PPS zugerechnet, da sie zu Planungs- und Steuerungszwecken dient - allerdings
eben nicht mit geplanten bzw. eingesetzten Zeiteinheiten, sondern mit
äquivalenten Geldeinheiten.

5.2.2 Merkmale zur Beschreibung der organisatorischen Gestaltung der BDE

Organisatorische Gestaltungselemente lassen sich gemäß HACKSTEIN (1985,
S. 43) in Hilfsmittel und Regelungen unterteilen. Hilfsmittel sind alle
Mittel zur Erfassung, zum Transport, zur Verarbeitung und zur Ausgabe
von Informationen. Neben rechnerunterstützten Lösungen gehören hierzu
konventionelle Hilfsmittel wie z.B. Belege. Zur Beschreibung der Organisationsformen der BDE in Konstruktion und Arbeitsplanung sind sowohl
rechnerunterstützte als auch konventionelle Hilfsmittel von Belang, da
- wie bereits erwähnt - die organisatorische EDV-Durchdringung dieser
Bereiche bei weitem noch nicht abgeschlossen ist. Um zu einer hinreichend detaillierten, aber gleichzeitig umfassenden Darstellung zu gelangen, ist es zudem zweckmäßig, die Organisationsformen der BDE auf zwei
unterschiedlichen organisatorischen Ebenen zu betrachten und zu ihrer
Beschreibung dementsprechend zwei Merkmalsgruppen heranzuziehen.

Die erste Merkmalsgruppe dient der detaillierten Beschreibung der orga-
nisatorischen Gestaltung der BDE bezogen auf jeweils einen bestimmten
Produktions- und Verwendungsbereich. Ihr Hauptaugenmerk liegt auf der
Darstellung der organisatorischen Regelungen, d.h. auf der Beschreibung

der eingesetzten Ausführungsvorschriften, wie z.B. der Bestimmung des
Erfassungszeitpunktes oder der zu erfassenden Betriebsdaten, sowie auf
der Beschreibung der eingesetzten Erfassungsverfahren und -methoden.

Die zweite Merkmalsgruppe dient der produktionsbereichs- und verwendungsbereichsübergreifenden Darstellung der Organisationsformen. Dabei
stehen die eingesetzten EDV-technischen Hilfsmittel und ihre Verbindung
bzw. Kopplung untereinander im Vordergrund der Betrachtung. Da für die
Zwecke der bereichsübergreifenden PPS auch Verbindungen zur Beschaffung
und Fertigung bestehen können, werden diese beiden letztgenannten Bereiche hierfür mit in die Betrachtung einbezogen.

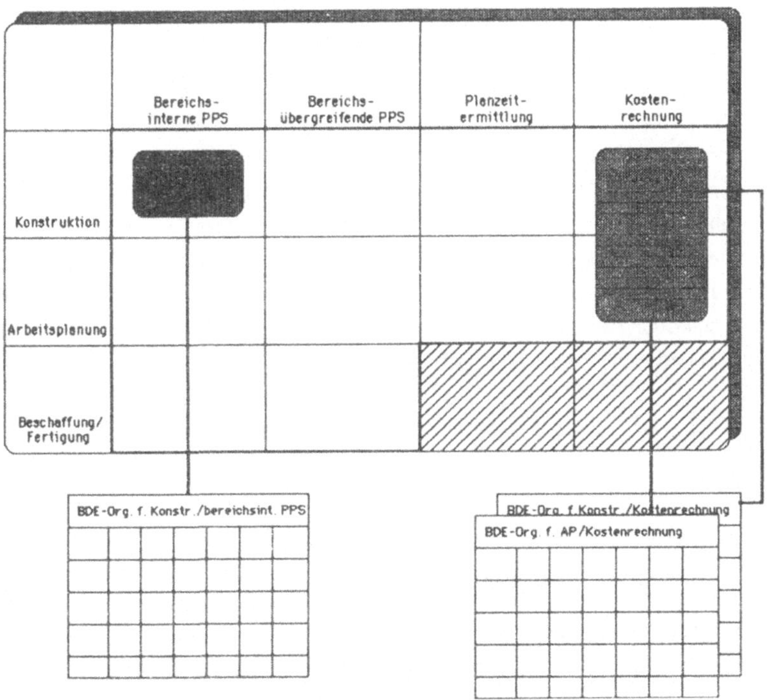

Abb. 5.2-2: Zusammenhang zwischen der Darstellung der produktions- und
verwendungsbereichsbezogenen und der produktions- und verwendungsbereichsübergreifenden organisatorischen Gestaltungsformen der BDE in Konstruktion und Arbeitsplanung (Die
schraffierten Felder sind hier nicht relevant, vgl. S.68)

Abbildung 5.2-2 zeigt den Zusammenhang zwischen den Darstellungsformen der ersten und der zweiten Merkmalsgruppe. Hieraus geht z.B. hervor, daß ein System zur EDV-unterstützten BDE in der Konstruktion für eine bereichsinterne PPS eingesetzt wird sowie weiterhin Betriebsdaten aus Konstruktion und Arbeitsplanung in einem EDV-System zur Kostenrechnung verwendet werden.

5.2.2.1 Merkmale zur Beschreibung der organisatorischen Gestaltung der BDE je Produktions- und Verwendungsbereich

Abbildung 5.2-3 gibt die Merkmale und Merkmalsausprägungen der ersten Merkmalsgruppe wieder. Den Merkmalen liegt eine Gliederung nach zwei Gesichtspunkten zugrunde, die entweder alternativ oder auch gemeinsam auftreten können. Die Merkmale 5 bis 13 dienen zur Beschreibung der EDV-unterstützten BDE, die Merkmale 1 bis 9 der Beschreibung einer belegorientierten (Vor-) Erfassung. Das erste Merkmalsquartett (Merkmale 1 - 4) bezieht sich ausschließlich auf die belegorientierte Erfassung, dementsprechend das letzte Merkmalsquartett (Merkmale 10 - 13) ausschließlich auf die EDV-unterstützte. Im Bereich der Merkmale 5 - 9 tritt eine Überschneidung auf; diese Merkmale beschreiben die belegorientierte und die EDV-unterstützte BDE gemeinsam.

Im folgenden werden die Merkmale und ihre Ausprägungen erläutert. Der dabei verwendete Begriff "Rückmeldeobjekt" bezeichnet den in den einzelnen Produktionsbereichen betrachteten und mit einer Nummer versehenen Auftrag (vgl. Kapitel 3.3). Dieser kann sich neben dem Kundenauftrag selbst auch auf eine kleinere Einheit, z.B. eine Funktionseinheit oder Baugruppe mit einer Reihe von Einzelteilen beziehen, die beispielsweise in der Konstruktion zusammen bearbeitet werden müssen. Häufige Bezeichnungen für ein Rückmeldeobjekt sind: Projekt, Teilprojekt, Betriebsauftrag etc. Bei komplexen Teilen kann ggf. auch jedes einzelne Teil als Auftrag und damit als Rückmeldeobjekt betrachtet werden.

Für den Fall, daß in dem betrachteten Produktions- und Verwendungsbereich keine belegorientierte BDE durchgeführt wird, fallen alle Merkmale des ersten Merkmalsquartetts unter die Ausprägung "keine Erfassung".

Merkmale	Merkmalsausprägungen								
	1	2	3	4	5	6	7	8	9
1 Erfassungsschnittstelle	keine Erfassung	Mitarbeiter	Gruppen-/ Abteilungsleiter	spezielles Erfassungspersonal	nachfolgender Produktionsbereich				
2 Erfassungsort	keine Erfassung	am Arbeitsplatz	zentraler Platz in der Gruppe/ Abteilung	in anderer Abteilung					
3 Erfassungstechnik	keine Erfassung	Ausfüllen von neutralen Belegen	Ausfüllen von vorbereiteten Belegen						
4 Erfassungsfrequenz	keine Erfassung	bedarfsweise	monatlich	dekadisch	wöchentlich	täglich	ereignisorientiert		
			(periodisch)	*(periodisch)*	*(periodisch)*	*(periodisch)*			
5 Art der Erfassung	keine Erfassung	Einzelerfassung	objektbezogene Sammelerfassung	kapazitätsbezogene Sammelerfassung					
6 Inhalt der Erfassung	keine Erfassung	Beginn-/ Endtermin	geleisteter Aufwand	Termin und Aufwand					
7 Bearbeitungsbegleitende Korrektur von Planungsgrößen	keine Erfassung	Termin-/ Aufwandskorrektur	Termin- und Aufwandskorrektur						
8 Detaillierungsgrad des Bearbeitungsfortschritts	keine Erfassung	gesamte Bearbeitungsaufgabe	einzelne Bearbeitungsschritte						
9 Detaillierungsgrad des Rückmeldeobjekts	keine Erfassung	Gesamtauftrag	Erfassung spezifizierter Teilaufträge	Erfassung einzelner kritischer Teile	Erfassung aller Einzelteile				
10 Erfassungsschnittstelle	keine Erfassung	Mitarbeiter	Gruppen-/ Abteilungsleiter	spezielles Erfassungspersonal	nachfolgender Produktionsbereich	anderer Betriebsdatenverwendungsbereich	CAD-/ CAP- / PPS- System		
11 Erfassungsort	keine Erfassung	am Arbeitsplatz	zentraler Platz in der Gruppe / Abteilung	in anderer Abteilung					
12 Erfassungstechnik	keine Erfassung	Direkteingabe ohne Eingabeunterstützung	Direkteingabe mit Eingabeunterstützung	Meldung aufgrund von Arbeitsunterlagen ohne Eingabeunterstützung	Meldung aufgrund von Arbeitsunterlagen mit Eingabeunterstützung	Eingabe von Belegen der manuellen Vorerfassung ohne Eingabeunterstützung	Eingabe von Belegen der manuellen Vorerfassung mit Eingabeunterstützung	EDV-Liste aus anderem Verwendungsbereich	Rechner-/ Programmkopplung
13 Erfassungsfrequenz	keine Erfassung	bedarfsweise	monatlich	dekadisch	wöchentlich	täglich	ereignisorientiert		
			(periodisch)	*(periodisch)*	*(periodisch)*	*(periodisch)*			

Abb. 5.2-3: Merkmale und zugehörige Ausprägungen zur Beschreibung der organisatorischen Gestaltung der BDE je Produktions- und Verwendungsbereich

Werden entsprechend keine Betriebsdaten EDV-unterstützt erfaßt, so sind alle Ausprägungen des letzten Merkmalsquartetts "keine Erfassung".

Merkmal 1: Erfassungsschnittstelle (belegorientierte BDE)

Die Erfassungsschnittstelle stellt die Person oder Stelle dar, die die Betriebsdaten erstmalig zum Zwecke der Weiterleitung an einen Verwendungsbereich erfaßt.

Die Merkmalsausprägung "Mitarbeiter" tritt immer dann auf, wenn der Mitarbeiter selbst zurückmeldet, d.h. einen Beleg ausfüllt. Mit Mitarbeiter ist hier der Sachbearbeiter aus der jeweiligen Abteilung, also der Konstrukteur, Zeichner, Arbeitsplaner, NC-Programmierer usw. gemeint.

Übernimmt die Erfassung der "Gruppenleiter bzw. Abteilungsleiter", so tritt die dritte Merkmalsausprägung auf.

"Spezielles Erfassungspersonal" ist in der Regel Personal, dessen Hauptaufgabe in der betrieblichen Auftragsverfolgung zu sehen ist und das nicht direkt an dem Bearbeitungsfortschritt eines Auftrages beteiligt ist.

Der "nachfolgende Produktionsbereich" stellt einen anderen Produktionsbereich dar, der die Beendigung der Tätigkeiten des vorangegangenen Bereichs meldet; z.B. die Arbeitsplanung bei Erhalt der Arbeitsunterlagen (Zeichnungen, Stücklisten) aus der Konstruktion.

Merkmal 2: Erfassungsort (belegorientierte BDE)

Der Erfassungsort ist der Ort, an dem die Erfassungsschnittstelle die Betriebsdaten erfaßt. Dies kann z.B. direkt "am Arbeitsplatz" des Sachbearbeiters in dem betreffenden Produktionsbereich durch das Ausfüllen von Belegen geschehen. Diese Tätigkeit ist prinzipiell auch an einem "zentralen Platz in der Gruppe bzw. Abteilung" möglich, der sich dadurch auszeichnet, daß er für mehrere Erfassungsschnittstellen, d.h. z.B. Mitarbeiter, verbindlich ist und räumlich von ihrem eigenen Arbeitsplatz getrennt liegt.

Die Merkmalsausprägung "in anderer Abteilung" tritt dann auf, wenn z.B. ein nachfolgender Bereich die Rückmeldung in seiner Abteilung vornimmt.

Merkmal 3: Erfassungstechnik (belegorientierte BDE)

Die Erfassungstechnik beschreibt die Art und Weise, in der die rückzumeldenden Betriebsdaten manuell auf Belegen erfaßt werden. Bei den Belegen ist eine Unterscheidung zwischen "neutralen Belegen" und "vorbereiteten Belegen" möglich. Neutrale Belege enthalten zunächst keine Vorinformationen zur Kapazitätsstelle oder zum Rückmeldeobjekt. Das bedeutet, daß die Erfassungsschnittstelle alle Informationen selbst in den Beleg eintragen muß.

Demgegenüber enthält ein vorbereiteter Beleg bereits im vorhinein kapazitätsstellenbezogene und/oder rückmeldeobjektbezogene Daten, die die erfassende Person nur noch ergänzen muß.

Merkmal 4: Erfassungsfrequenz (belegorientierte BDE)

Das Merkmal "Erfassungsfrequenz" kennzeichnet die Häufigkeit bzw. den Anlaß einer Erfassung (wie oft bzw. wann wird erfaßt?). Die bei nichtperiodischer Erfassung möglichen Ausprägungen "bedarfsweise" und "ereignisorientiert" beinhalten neben dem zeitlichen Aspekt auch den des Anlasses, der den Erfassungsvorgang auslöst. Dies ist bei der ereignisorientierten Meldung eine Statusänderung des Rückmeldeobjektes selbst (z.B. "Auftrag fertig"). Bei der bedarfsweisen Rückmeldung wird diese dagegen unabhängig vom Rückmeldeobjekt von einem Bedarf des Verwendungsbereiches nach Informationen ausgelöst (z.B. dann, wenn spezielles Erfassungspersonal im Rahmen der bereichsübergreifenden PPS in den verschiedenen Produktionsbereichen aus einem gegebenen Anlaß und nicht periodisch Informationen über den jeweiligen Stand der Aufträge einholt; dies entspricht der Funktion des "Terminjägers" in der Fertigung).

Gegenüber der bedarfsweisen Erfassung beschreiben alle übrigen Merkmalsausprägungen Situationen, in denen zu einem bestimmten Zeitpunkt oder in periodischen Zeitabständen die Betriebsdaten automatisch einem Verwendungsbereich zur Verfügung gestellt werden. Hierbei werden verschiedene Stufen der periodischen Erfassungsfrequenz unterschieden (monatlich, dekadisch, wöchentlich und täglich), die für die Rückmeldungen der Betriebsdaten in Konstruktion und Arbeitsplanung als üblich angesehen werden können.

Merkmal 5: Art der Erfassung

Das Merkmal "Art der Erfassung" dient zur Beschreibung der bereits in Kapitel 3.3 dargestellten prinzipiellen Möglichkeiten der objekt- bzw. kapazitätsstellenbezogenen Betriebsdatenerfassung. Die "Einzelerfassung" bezeichnet dabei den Fall, daß je Erfassungsobjekt und je Kapazitätsstelle eine Rückmeldung durchgeführt bzw. ein Beleg ausgefüllt wird. Demgegenüber stellt die Sammelerfassung eine "objektbezogene" oder "kapazitätsstellenbezogene" Sammlung und gemeinsame Weiterleitung von Betriebsdaten dar.

Merkmal 6: Inhalt der Erfassung

Das Merkmal "Inhalt der Erfassung" und das nachfolgende Merkmal "Bearbeitungbegleitende Korrektur von Planungsgrößen" behandelt die Fragestellung, auf welche Art und Weise der Auftragsfortschritt eines Auftrags gemessen wird. Bei Merkmal 6 wird unterschieden hinsichtlich der Ausprägungen "Beginn-/Endtermin", womit gemeint ist, daß nur der Beginn- und/ oder Endtermin eines Bearbeitungsabschnitts erfaßt wird, "geleisteter Aufwand", der den in einem bestimmten Zeitintervall an einem Auftrag geleisteten Stundenaufwand beschreibt und "Termin und Aufwand", worunter eine kombinierte Erfassung der beiden ersten Ausprägungen zu verstehen ist.

Merkmal 7: Bearbeitungsbegleitende Korrektur von Planungsgrößen

Merkmal 7 befaßt sich speziell mit der Möglichkeit, eventuell auftretende Abweichungen von den zum großen Teil auf groben Schätzungen beruhenden Planvorgaben zu korrigieren.

Hierbei unterscheidet man die Korrektur des voraussichtlichen Endtermins, die z.B. aufgrund einer Einschiebung anderer Aufträge zustandekommen kann, und die Korrektur des Bearbeitungsaufwandes, die auf einer falschen Schätzung des Planaufwands oder auf zusätzlichem Aufwand, z.B.

wegen nachträglicher Änderungswünsche des Kunden, beruht. Gleichbedeutend mit einer Korrektur der Planungsgrößen ist die Erfassung eines Aufgabenerfüllungsgrades, der meist in Prozent angegeben wird (z.B. 50 von 100 veranschlagten Stunden gebraucht, aber die Aufgabe erst zu 30% erfüllt).

Merkmal 8: Detaillierungsgrad des Bearbeitungsfortschritts

Der Detaillierungsgrad des Bearbeitungsfortschritts behandelt die Frage, wie genau der Weg eines Objekts innerhalb eines Produktionsbereichs verfolgt werden kann.

Die Merkmalsausprägung "gesamte Bearbeitungsaufgabe" ist dabei so zu verstehen, daß die Tätigkeiten eines Produktionsbereiches als eine Gesamtaufgabe zusammengefaßt werden.

Werden dagegen innerhalb der Produktionsbereiche noch einzelne Tätigkeiten - wie z.B. in der Konstruktion Konzipieren, Entwerfen, Ausarbeiten - unterschieden, so ist hierunter eine detaillierte Rückmeldung im Sinne "einzelner Bearbeitungsschritte" zu verstehen. In der Arbeitsplanung sind entsprechende einzelne Arbeitsschritte z.B. die Erstellung des Arbeitsplans, Vorgabezeitermittlung, Kalkulation und NC-Programmierung.

Merkmal 9: Detaillierungsgrad des Rückmeldeobjekts

Der Detaillierungsgrad des Rückmeldeobjektes bezieht sich auf die Genauigkeit der Erfassung der zu einem Rückmeldeobjekt gehörenden Einzelteile. Wird der "Gesamtauftrag" als Rückmeldeobjekt betrachtet, so liegt keine zwischenzeitliche Information über den Bearbeitungsfortschritt der zu diesem Auftrag gehörenden Teile vor. Eine Meldung erfolgt z.B. erst, wenn das letzte Teil des Auftrags fertig bearbeitet wurde.

Eine erste Verbesserung der Detailliertheit ermöglicht die Einteilung und Rückmeldung eines Rückmeldeobjektes in "spezifizierte Teilaufträge". Die Einteilung eines Auftrags in spezifizierte Teilaufträge erfolgt derart, daß z.B. in der Konstruktion zunächst die Teile eines Auftrags selektiert und gemeinsam verfolgt werden, die neu konstruiert werden müssen und sicherlich eine längere Durchlaufzeit benötigen als die zweite Gruppe von Teilen, an denen nur Änderungen vorgenommen werden müssen. Ist die Gruppe der Teile, die nur der Änderungs- bzw. Variantenkonstruktion unterliegen, fertig bearbeitet und rückgemeldet, so kann sie bereits an den nächsten Bearbeitungsplatz bzw. an die nächste Abteilung weitergeleitet werden. Die so gebildeten Teilaufträge eines Rückmeldeobjekts erhalten dabei keine eigene Auftragsnummer, werden aber getrennt verfolgt, um den Durchlauf durch die Produktionsbereiche durch Überlappung zu verkürzen und lange Wartezeiten auf länger zu bearbeitende Teilaufträge zu vermeiden.

Eine weitere Detaillierung dieser Ausprägungsstufe führt zu der dritten Merkmalsausprägung "Erfassung einzelner kritischer Teile". Hierbei geht man davon aus, daß innerhalb des Rückmeldeobjektes einzelne besonders wichtige Teile bzw. einige extreme "Langläufer" existieren, die einer besonderen Betrachtung bedürfen und daher separat erfaßt und verfolgt werden müssen.

Die "Erfassung aller Einzelteile" eines Auftrages stellt dann das andere Extremum des Detaillierungsgrades des Rückmeldeobjektes dar. Hierunter ist jedoch nicht zu verstehen, daß jedes Einzelteil als eigener Auftrag mit eigener Auftragsnummer betrachtet wird, sondern daß auf der Basis z.B. einer Baugruppe als Auftrag der Bearbeitungsfortschritt aller zu ihm gehörenden Einzelteile verfolgt wird. Dies kann etwa in der Arbeitsplanung derart geschehen, daß die Fertigstellung der zu einer Baugruppe gehörenden Arbeitspläne einzeln gemeldet und summiert wird.

Merkmal 10: Erfassungsschnittstelle (EDV-unterstützte BDE)

Das Merkmal "Erfassungsschnittstelle (der EDV-unterstützten BDE)" beschreibt die Person, Stelle oder EDV-Schnittstelle, die die Betriebsdaten einem Verwendungsbereich durch eine in Merkmal 12 beschriebene Erfassungstechnik EDV-mäßig zur Verfügung stellt. Die Merkmalsausprägungen "Mitarbeiter", "Gruppen- bzw. Abteilungsleiter" und "nachfolgender Produktionsbereich" entsprechen den bei Merkmal 1 beschriebenen. Darüber hinaus existieren hier jedoch noch weitere Merkmalsausprägungen:

Werden die Daten von einem "anderen Verwendungsbereich" weitergeleitet, so stellt dieser Bereich aus der Sicht des momentanen Verwendungsberei-

ches die Erfassungsschnittstelle dar. Dieser Fall tritt z.B. auf, wenn
die Kostenrechnung ihre Daten von der bereichsinternen PPS erhält, die
die Daten im allgemeinen aktueller benötigt.

Eine weitere Erfassungsschnittstelle für die EDV-unterstützte BDE kann
auch die Bereitstellung von Betriebsdaten aus einem CAD-, CAP- oder aus
der Datenverwaltung eines PPS-Systems sein. In diesen Fällen leiten sich
die Informationen für die Betriebsdatenerfassung aus der Anlegung von
z.B. Stücklisten und Arbeitsplänen ab, die signalisieren, daß der entsprechende Bearbeitungsabschnitt Stücklisten- bzw. Arbeitsplanerstellung
abgeschlossen ist.

Merkmal 11: Erfassungsort (EDV-unterstützte BDE)

Der Erfassungsort gibt den Ort an, an dem über die Erfassungsschnittstelle die Betriebsdaten in die EDV des jeweiligen Verwendungsbereichs
gelangen. Dies kann wie bei Merkmal 2 der "Arbeitsplatz" des Sachbearbeiters sein oder auch ein "zentraler Platz in der Gruppe bzw. Abteilung". Darüber hinaus besteht die Möglichkeit, daß die Betriebsdaten in
einer "anderen Abteilung", z.B. der EDV-Abteilung eingegeben bzw. von
einem "anderen Verwendungsbereich" bereitgestellt werden.

Merkmal 12: Erfassungstechnik (EDV-unterstützte BDE)

Die "Erfassungstechnik (der EDV-unterstützten BDE)" beschreibt die Art
und Weise, in der die Betriebsdaten in die EDV eingegeben werden bzw.
zwischen EDV-Systemen an den Ort der Verarbeitung für den jeweiligen
Verwendungszweck weitergeleitet werden.

Dies kann einmal durch "Direkteingabe" ohne belegorientierte BDE geschehen. In diesem Fall gibt z.B. der Mitarbeiter die Betriebsdaten selbst
direkt in ein Terminal ein. Werden alle Daten per Tastatur eingegeben,
so liegt der Fall "Direkteingabe ohne Eingabeunterstützung" vor. Die
"Direkteingabe mit Eingabeunterstützung" beschreibt dagegen die Möglichkeit, identifizierende Daten über maschinell lesbare Rückmeldebelege,
die z.B. mit Barcode versehen sind, einzugeben, somit den Eingabeaufwand
zu verringern und die Eingabesicherheit zu erhöhen.

Zum zweiten besteht die Möglichkeit, daß die Erfassungsschnittstelle, z.B. spezielles Erfassungspersonal, eine Eingabe aufgrund des Erhalts von Arbeitsunterlagen, wie der Stückliste bzw. des Arbeitsplanes macht. Auch hier ist eine Eingabeunterstützung durch maschinenlesbare Belege möglich. In Verbindung mit einer belegorientierten BDE können dementsprechend die Merkmalsausprägungen "Eingabe von manuell vorerfaßten Daten ohne Eingabeunterstützung" und "mit Eingabeunterstützung" unterschieden werden.

Die nächste Merkmalsausprägung "EDV-Liste aus anderem Verwendungsbereich" beschreibt den Fall, daß Betriebsdaten bereits für einen anderen Verwendungsbereich erfaßt und verarbeitet wurden. Eine EDV-Liste aus dem hierfür eingesetzten Rechnersystem dient als Unterlage zur Eingabe der Betriebsdaten für den betrachteten Verwendungsbereich. Es handelt sich hier also um eine "Papierschnittstelle" zwischen zwei EDV-Systemen.

Können zwischen zwei Rechnern bzw. innerhalb einer EDV-Anlage zwischen zwei Programmsystemen Daten zur Verarbeitung für den jeweiligen Verwendungsbereich übertragen werden, so ist dies unter der Merkmalsausprägung "Rechner- bzw. Programmkopplung" zu verstehen.

Merkmal 13: Erfassungsfrequenz (EDV-unterstützte BDE)

Die Erfassungsfrequenz kennzeichnet das Zeitintervall bzw. den Zeitpunkt, zu dem die Betriebsdaten eingegeben bzw. an den Ort der Verarbeitung für den jeweiligen Verwendungsbereich weitergeleitet werden. Die Merkmalsausprägungen entsprechen den Merkmalsausprägungen des Merkmals 4 (Erfassungsfrequenz (belegorientierte BDE)).

5.2.2.2 Merkmale zur Beschreibung der produktions- und verwendungsbereichsübergreifenden organisatorischen Gestaltung der BDE

Abbildung 5.2-4 zeigt das zur Beschreibung und Visualisierung der bereichsübergreifenden organisatorischen Gestaltungsformen der BDE zugrunde gelegte Konzept.

	Bereichs- interne PPS	Bereichs- übergreifende PPS	Planzeit- ermittlung	Kosten- rechnung
Konstruktion	K1	K2	K3	K4
Arbeitsplanung	A1	A2	A3	A4
Beschaffung/ Fertigung	F1	F2	(F3)	(F4)

Abb. 5.2-4: Matrix zur Darstellung der in den Produktions- und Verwendungsbereichen eingesetzten EDV-Systeme mit BDE-Funktionen und ihrer Kopplungsarten (Die schraffierten Felder sind hier nicht relevant, vgl. S. 68)

Ziel der folgenden Betrachtung ist es, produktions- und verwendungsbereichsübergreifend den Einsatz von EDV-unterstützten Systemen, die zur Betriebsdatenerfassung genutzt werden, sowie die Kopplungen zwischen diesen Systemen zu beschreiben. Zu diesem Zweck werden die einzelnen Matrixfelder gemäß Abbildung 5.2-4 mit den Kennzeichnungen K1...K4 für die verschiedenen Verwendungsbereiche der Betriebsdaten aus der Konstruktion, A1...A4 für die entsprechenden Verwendungsbereiche von Betriebsdaten aus der Arbeitsplanung und F1, F2 für die Verwendungsbereiche von Betriebsdaten aus der Fertigung versehen. Die Verwendungsbereiche F1 und F2 werden hier zusätzlich mitbetrachtet, da PPS-Systeme aus dem Fertigungsbereich für Verwendungszwecke in der Konstruktion und

Arbeitsplanung mit eingesetzt werden können. Die Felder F3 und F4 brauchen aufgrund des bereits beschriebenen (vgl.Kapitel 5.2.1), weitgehend andersartigen Aufgabeninhalts der Verwendungsbereiche in der Fertigung nicht mit in die Betrachtung einbezogen zu werden.

Die Vorgehensweise zur Erfassung der organisatorischen Zusammenhänge vollzieht sich nun wie folgt:

Beginnend mit Feld K1 wird sukzessive jedes Feld der Matrix einmal als Ausgangsfeld betrachtet. Ausgehend von dem jeweiligen Ausgangsfeld und in Relation zu dem dort vorhandenen EDV-Einsatz wird dann jedes andere Matrixfeld untersucht und hinsichtlich seiner EDV-Durchdringung und seiner Kopplungsart zum Ausgangsfeld beschrieben.
Zur Beschreibung des EDV-Einsatzes und der Kopplungsarten werden die Merkmale gemäß Abbildung 5.2-5 herangezogen.

Die Merkmale beschreiben dabei jeweils ein Paar von Verwendungsbereichen, zwischen denen die Kopplung betrachtet wird. Dabei ist der erstgenannte Verwendungsbereich derjenige, der die Betriebsdaten an den zweitgenannten übergibt.

Die Merkmalsausprägungen lassen sich grob in vier Gruppen einteilen:

(1) Es existiert keine Kopplung, da für einen der beiden betrachteten Verwendungsbereiche oder für beide gar keine EDV-Unterstützung vorhanden ist. Dementsprechend lassen sich hier die Merkmalsausprägungen "keine Hardware in beiden Bereichen", "keine Hardware im Bereich I" (d.h. in dem Bereich, der die Betriebsdaten weiterleitet) und "keine Hardware im Bereich II" (dem Bereich, an den die Daten übergeben werden) unterscheiden.

(2) Existieren für beide Verwendungsbereiche getrennte Software-Pakete auf unterschiedlichen Hardware-Systemen, so ergeben sich folgende Kopplungsmöglichkeiten:

"Keine Kopplung" bedeutet, daß beide EDV-Systeme unabhängig voneinander betrieben und auch keine Betriebsdaten zwischen ihnen ausgetauscht werden. Für jeden Verwendungsbereich bzw. für das ihn

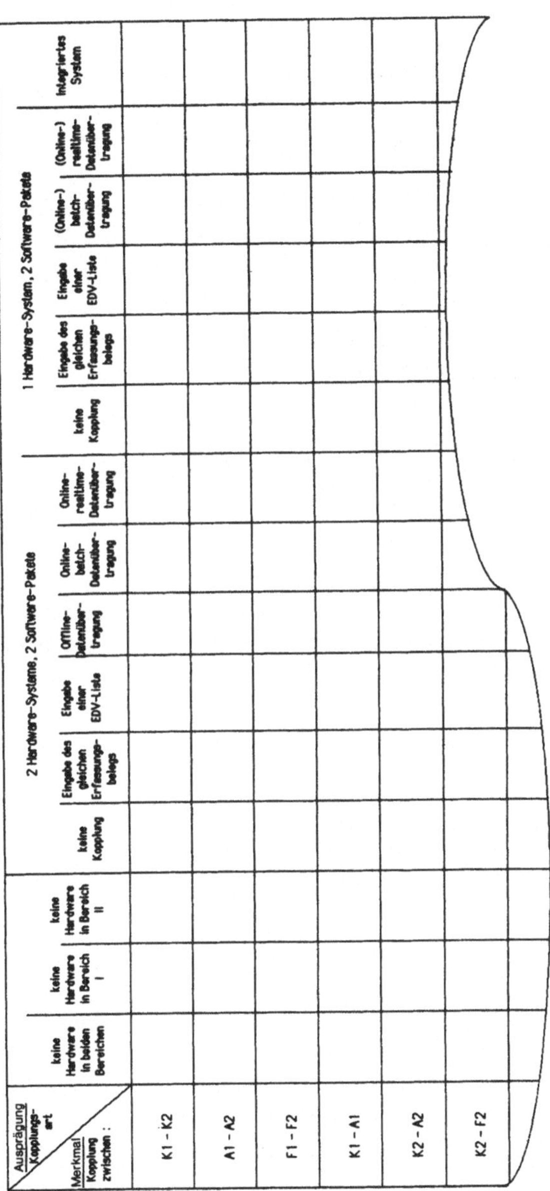

Abb. 5.2-5: Merkmale und Merkmalsausprägungen zur Beschreibung des EDV-Einsatzes und der Kopplungen der EDV-Systeme im Rahmen der organisatorischen Gestaltung der BDE für alle Produktions- und Verwendungsbereiche

unterstützende EDV-System müssen die Daten separat eingegeben werden, entweder durch Direkteingabe in das EDV-System oder durch eine vorgeschaltete belegorientierte Erfassung.

Nutzt man für beide Verwendungsbereiche bzw. Systeme den "gleichen Erfassungsbeleg", so verringert sich dadurch im Rahmen der belegorientierten Vorerfassung der Aufwand für die Erfassungsschnittstelle. Der Eingabeaufwand in das EDV-System bleibt jedoch der gleiche, da nur der Beleg doppelt als Informationsmedium für die EDV-Eingabe genutzt wird.

Bei der "Eingabe einer EDV-Liste" wird ein EDV-Ausdruck des ersten Verwendungsbereiches als Grundlage für die manuelle Eingabe in das EDV-System des zweiten Verwendungsbereiches bereitgestellt.

Bei einer "offline-Datenübertragung" werden die Daten des ersten Verwendungsbereiches auf einem körperlichen Datenträger, wie z.B. Lochstreifen, Magnetband, Diskette usw., an den zweiten Verwendungsbereich übergeben.

Demgegenüber setzt die online-Datenübertragung das Vorhandensein einer Datenleitung zwischen den beiden EDV-Systemen voraus."Online-batch" bedeutet hier, daß eine Vielzahl von gesammelten und gespeicherten Betriebsdaten-Sätzen einer Datei, in der Regel sogar die ganze Datei (File-Transfer), von einem an den anderen Verwendungsbereich übergeben werden, während "online-realtime" die Situation beschreibt, daß die Betriebsdaten sofort, wenn sie im ersten Verwendungsbereich erfaßt werden und einzeln, d.h. satzweise, auch an den zweiten Verwendungsbereich übertragen werden.

(3) Die dritte Gruppe von Merkmalsausprägungen beschreibt die Kopplungsmöglichkeiten für den Fall, daß für jeden der beiden Verwendungsbereiche ein eigenes Software-Paket existiert und beide Pakete unabhängig voneinander auf dem gleichen Hardware-System eingesetzt werden.

Die Merkmalsausprägungen haben hier die gleiche Bedeutung wie bei der Gruppe (2), jedoch entfällt die "offline-Datenübertragung".

(4) Benutzen beide Verwendungsbereiche für ihre Zwecke das gleiche
Software-Paket auf dem gleichen Hardware-System, so tritt die Merkmalsausprägung "integriertes System" auf.

Die Matrix gemäß Abbildung 5.2-4 kann dazu benutzt werden, die zu Zwek-
ken der BDE eingesetzten EDV-Systeme und ihre Kopplungen übersichtlich

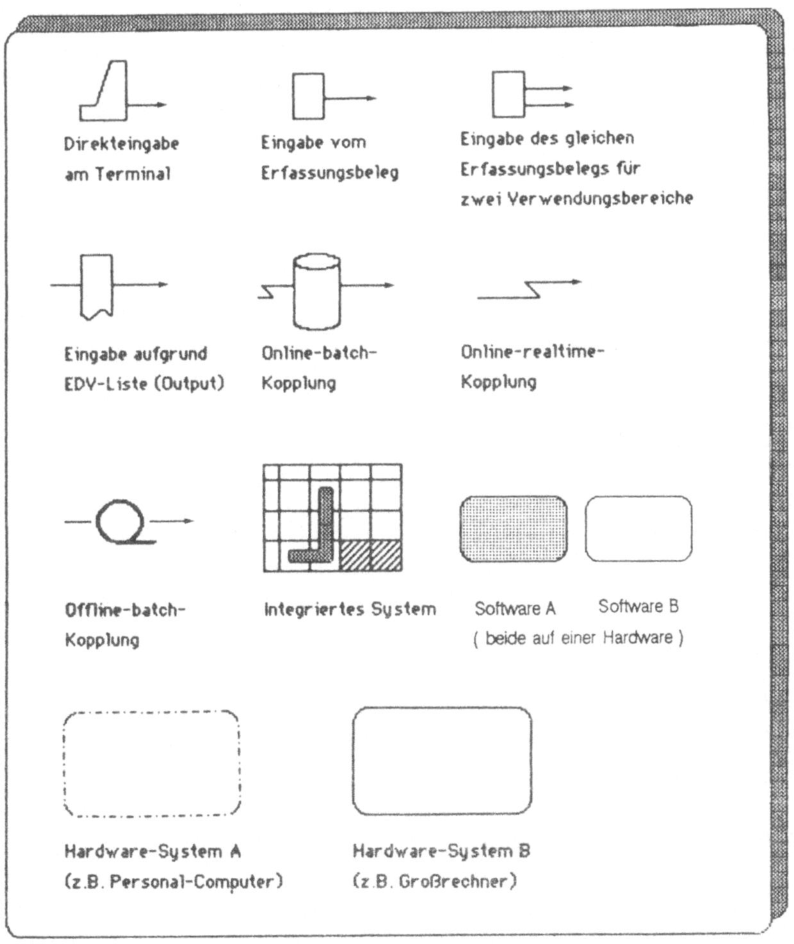

Abb. 5.2-6: Symbole zur Darstellung der in den einzelnen Verwendungsbereichen eingesetzten EDV-Systeme und ihrer Kopplungen

zu visualisieren. Dazu werden die Symbole gemäß Abbildung 5.2-6 in das
Matrixraster eingetragen. Ein Beispiel hierzu ist in Abbildung 5.2-7
dargestellt.

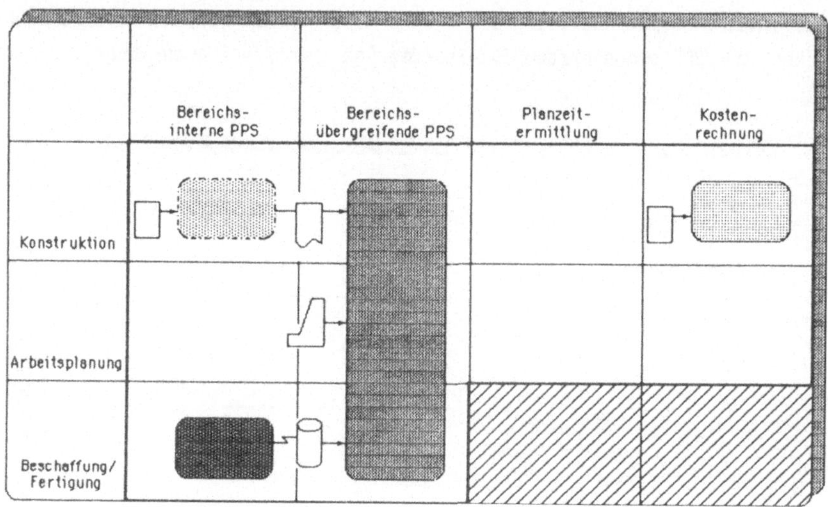

<u>Abb. 5.2-7:</u> Beispiel einer in der Praxis vorhandenen BDE-Organisation

Hier wird ein eigenes EDV-System (Hard- und Software) für die bereichsinterne PPS der Konstruktion eingesetzt. Die Dateneingabe erfolgt über
einen Erfassungsbeleg, die Weiterleitung der Daten aus dem System an die
bereichsübergreifende PPS mittels EDV-Liste und erneuter Eingabe in das
System zur bereichsübergreifenden PPS. Diese Software läuft - ebenso wie
das Fertigungssteuerungspaket und die Software zur Kostenrechnung - auf
einer gemeinsamen Hardware. Zusätzlich wird zur Erfassung der Betriebsdaten für die Kostenrechnung in der Konstruktion ein weiterer, eigener
Beleg verwendet.

Die Betriebsdaten aus der Fertigung gelangen über eine Batch-Kopplung an
die bereichsübergreifende PPS, die entsprechenden Daten aus der Arbeitsplanung werden direkt am Terminal eingegeben.

Das hier beschriebene Visualisierungsschema beinhaltet zwei Randbedingungen, die bei der Merkmalsdefinition aus Vereinfachungsgründen ange-

nommen und bei der nachfolgenden Datenerhebung und -auswertung überprüft und bestätigt wurden:

(1) Es werden keine Betriebsdaten von einem Ausgangsfeld der Matrix an diagonal zu ihm liegende Matrixfelder übergeben. Diese Bedingung ist für die Weiterleitung von Betriebsdaten an die Verwendungsbereiche Planzeitermittlung und Kostenrechnung unmittelbar evident.
In den PPS-Bereichen kann diese Bedingung mit der Definition der Verwendungsbereiche erklärt werden (vgl. Kapitel 5.2.1). Sollen z.B. Betriebsdaten von einer bereichsinternen PPS in der Konstruktion für die Belange der bereichsübergreifenden PPS im Rahmen der Arbeitsplanung übergeben werden, so impliziert diese Datenübertragung gleichzeitig, daß die bereichsübergreifende PPS auch Aufgaben im Rahmen des Konstruktionsbereiches wahrnimmt. Eine Datenübertragung vom Matrixfeld K1 nach A2 setzt daher immer eine Kopplung zwischen den Feldern K1 und K2 sowie K2 und A2 voraus (vgl. Abbildung 5.2-8).

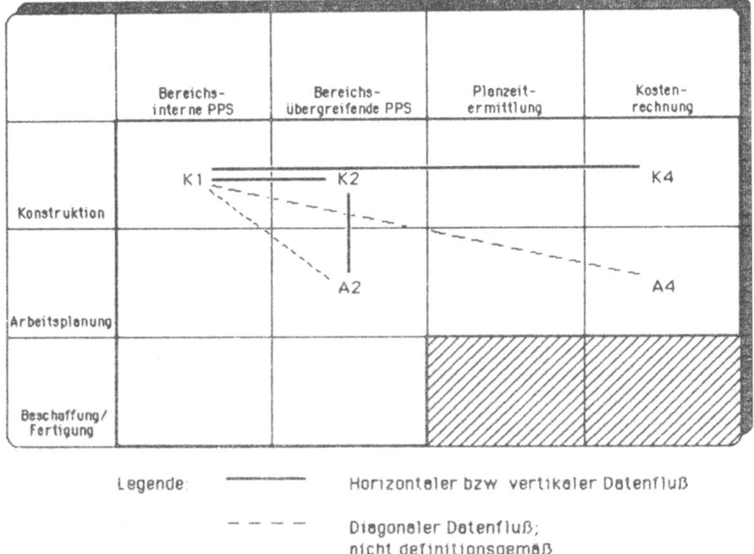

Abb. 5.2-8: Randbedingungen für die Matrix zur Darstellung der in den Produktions- und Verwendungsbereichen eingesetzten EDV-Systeme mit BDE-Funktionen und ihrer Kopplungsarten

(2) Es ergibt sich bei der Datenübertragung zwischen den einzelnen
Produktions- und Verwendungsbereichen eine Gerichtetheit des Daten-
flusses, d.h. die Matrix wurde so angelegt, daß eine Datenübertragung in der Reihenfolge ihrer Verwendung nur von links nach rechts,
z.B. von der bereichsinternen PPS an die bereichsübergreifende PPS
oder die Kostenrechnung, und von oben nach unten, also z.B. vom
Konstruktionsbereich an die Arbeitsplanung oder die Fertigung,
stattfindet. Eine entgegengerichtete Übertragung von Betriebsdaten
für die hier betrachteten Verwendungsbereiche wurde bei keinem der
untersuchten Betriebe vorgefunden. Dies bedeutet nicht, daß sie
nicht doch sinnvoll sein könnte, sondern erlaubt es lediglich, mit
dem hier vorliegenden Datenmaterial eine vereinfachte Auswertung
vorzunehmen.

5.2.3 Betriebliche Merkmale

Die betrieblichen Merkmale dienen zur Erfassung der betrieblichen Randbedingungen, die möglicherweise Einflußgrößen auf die organisatorische
Gestaltung der BDE in Konstruktion und Arbeitsplanung darstellen. Hier
lassen sich die beiden Gruppen

   - qualitative betriebliche Merkmale und
   - quantitative betriebliche Merkmale

unterscheiden.

Abbildung 5.2-9 zeigt die qualitativen betrieblichen Merkmale und ihre
Merkmalsausprägungen, die einen Einfluß auf die organisatorische Gestaltung der BDE in Konstruktion und Arbeitsplanung ausüben können (vgl. zum
folgenden SCHOMBURG 1980, S.38 ff).

Das Merkmal "Erzeugnisspektrum" steht dabei für den Standardisierungs-
grad der Erzeugniskonstruktion und ist in vier Merkmalsausprägungen
unterteilt. Abbildung A1-1 in Anhang A1 gibt hierzu nähere Erläuterungen.

Qualitative betriebliche Merkmale			
Merkmale	**Merkmalsausprägungen**		
Erzeugnis-spektrum	Erzeugnisse nach Kunden-spezifikation	Typisierte Erzeugnisse mit kunden-spezifischen Varianten	Standard-erzeugnisse mit Varianten	Standard-erzeugnisse ohne Varianten
Erzeugnis-struktur	Einteilige Erzeugnisse	Mehrteilige Erzeugnisse mit einfacher Struktur	Mehrteilige Erzeugnisse mit komplexer Struktur	
Fertigungsart	Einmal-fertigung	Einzel- und Kleinserien-fertigung	Serien-fertigung	Massen-fertigung
Fertigungs-struktur	Fertigung mit großer Tiefe	Fertigung mit mittlerer Tiefe	Fertigung mit großer Tiefe	

Abb. 5.2-9: Qualitative betriebliche Merkmale und ihre Ausprägungen
(nach SCHOMBURG 1980, S.88)

Das Merkmal "Erzeugnisstruktur" beschreibt den konstruktionsbedingten Aufbau der Erzeugnisse und ist gemäß Abbildung A1-2 hinsichtlich der Strukturtiefe (Anzahl der Strukturstufen) und der Strukturbreite (Anzahl der Stücklistenpositionen) unterteilt.

Beide o.a. Merkmale haben einen direkten Bezug zum Konstruktionsbereich und spiegeln den konstruktiv zu treibenden Aufwand sowie auch den Koordinationsaufwand im Rahmen der Auftragsabwicklung in der Konstruktion wider.

Die "Fertigungsart" beschreibt die Gestaltung des Produktionsprozesses. Zu ihrer Bestimmung dienen die Kriterien Auflagenhöhe der Fertigungsaufträge, durchschnittliche Auftragszeit je Arbeitsvorgang und Wiederholhäufigkeit identischer bzw. fertigungsablaufmäßig gleicher Fertigungsobjekte (vgl. Abbildung A1-3). Durch den zu treibenden Vorbereitungsgrad für die unterschiedlichen Fertigungsarten übt dieses Merkmal indirekt einen Einfluß auf den Konstruktions- und Arbeitsplanungsprozeß aus.

Das vierte Merkmal "Fertigungsstruktur" dient zur Beschreibung der Fertigungstiefe. Sie wird charakterisiert durch die in Abbildung A1-4 aufgeführten beiden Größen Anzahl der Fertigungstiefe und Anzahl aufeinanderfolgender Arbeitsvorgänge im Fertigungsprozeß. Die Fertigungsstruktur ist ein "Folgemerkmal" der Erzeugnisstruktur (SCHOMBURG 1980, S. 84). Sie übt in erster Linie einen Einfluß auf den Arbeitsumfang im Produktionsbereich Arbeitsplanung aus.

Die quantitativen Merkmale sind in Abbildung 5.2-10 dargestellt. Die ersten drei Größen beziehen sich dabei auf das gesamte Unternehmen bzw. den gesamten betrachteten Unternehmensbereich, die darauffolgenden vier Merkmale auf den Konstruktionsbereich und die letzten drei Merkmale auf den Bereich Arbeitsplanung.

Abb. 5.2-10: Quantitative betriebliche Merkmale

Die Gesamtdurchlaufzeit bezeichnet die durchschnittliche Durchlaufzeit, gerechnet vom Eingangstermin des Kundenauftrages bis zu seiner Auslieferung bzw. von der Auslösung des Auftrags zur Entwicklungskonstruktion bis zum Serienanlauf. Die Durchlaufzeit eines Rückmeldeobjektes durch die Konstruktion bzw. Arbeitsplanung meint hingegen die durchschnittliche Zeit vom Eingang des betrachteten Betriebsauftrages (Auftrag, Projekt, Bau- oder Funktionsgruppe) in der entsprechenden Abteilung bis zur Weitergabe an die nächste Abteilung.

Unter dem durchschnittlichen Auftragsbestand in der Konstruktion bzw. Arbeitsplanung ist die zu einem Zeitpunkt in der Abteilung vorhandene Anzahl an Betriebsaufträgen zu verstehen.

Der durchschnittliche Anteil an Neukonstruktionen bezeichnet den Prozentanteil der zu konstruierenden Teile eines Betriebsauftrages, die neu konzipiert und entworfen werden müssen.

5.3 Datenerhebung

5.3.1 Erhebungstechnik

Die hinsichtlich der vorliegenden Problemstellung zu erfassenden organisatorischen und betrieblichen Merkmale wurden, wie bereits angesprochen, in der Form einer vergleichenden Feldstudie erhoben.

Grundlage dieser Datenerhebung bildete ein standardisierter Fragebogen zur Kontaktaufnahme mit den betreffenden Firmen, der einen ersten Überblick über die in der Praxis eingesetzten organisatorischen Gestaltungsformen der BDE vermittelte.

Anschließend wurde durch Besuche in den Firmen und direkte Gespräche mit verantwortlichen Mitarbeitern aus Konstruktion, Arbeitsplanung, Organisation und EDV, Auftragsabwicklung und PPS auf der Basis einer Kombination von standardisierten und freiem Interview die Datenerhebung vor Ort detailliert und vertieft.

Diese zweistufige Vorgehensweise hat sich bereits in ähnlichen Untersuchungen bewährt (vgl. GERLACH 1983, LEY 1984).

5.3.2 Abgrenzung des Untersuchungsfeldes

Zielgruppe der vorliegenden Untersuchung sind Unternehmen der Maschinenbaubranche. Hierzu werden neben den selbständigen Unternehmen auch Betriebsbereiche von Großunternehmen, die sich als "Unternehmen im Unternehmen" charakterisieren lassen, gezählt.

Im Rahmen der vergleichenden Feldstudie wurden dreißig Betriebe befragt, wobei bei zwanzig dieser Betriebe eine intensive Untersuchung der organisatorischen Gestaltung der BDE je Produktions- und Verwendungsbereich vorgenommen wurde. Die restlichen zehn Betriebe setzen keine BDE in Konstruktion oder Arbeitsplanung ein. Das sich in diesen Zahlenwerten widerspiegelnde Verhältnis von Betrieben, die eine BDE im Rahmen der Konstruktion und Arbeitsplanung einsetzen, zu denen, die keine derartige

BDE durchführen, ist jedoch keineswegs als üblich oder allgemeingültige Quote anzusehen, sondern vielmehr auf ein gezieltes Vorgehen bei der Informationssuche und -beschaffung zurückzuführen. Die tatsächliche Quote des BDE-Einsatzes in Konstruktion und Arbeitsplanung ist als wesentlich geringer anzusehen.

Die vorgefundenen betrieblichen Merkmale der untersuchten Betriebe sind detailliert im Anhang A2 aufgeführt.

5.4 Datenauswertung hinsichtlich der produktions- und verwendungsbereichsübergreifenden Organisation der BDE

Ziel dieses Kapitels ist es, die in den untersuchten Betrieben erhobenen Daten der bereichsübergreifenden BDE-Organisation zu ordnen und mit Hilfe eines typologischen Verfahrens zu Gruppen hoher organisatorischer Ähnlichkeit zusamenzufassen. Zur Typenbildung bietet sich bei der vorliegenden Merkmalsstruktur der Einsatz eines Verfahrens der Clusteranalyse an. Daher soll zunächst die Methodik der Clusteranalyse diskutiert werden. Daran schließt sich die Beschreibung der Durchführung der Clusteranalyse sowie die Darstellung der Ergebnisse und ihre Interpretation an.

5.4.1 Methodik der Clusteranalyse

Das Verfahren der "Clusteranalyse" oder "automatischen Klassifikation" zählt zu den Methoden der multivariaten Statistik. Diese Methode dient der Analyse einer Objektmenge $\{O\}$ mit dem Ziel, diese unter gleichzeitiger Berücksichtigung mehrerer Objekteigenschaften so in Klassen (auch Cluster genannt) zu strukturieren, daß die Objekte einer Klasse einander möglichst ähnlich und die Objekte unterschiedlicher Klassen einander möglichst unähnlich sind.

Die Methodik der Clusteranalyse stellt sich in Anlehnung an STEINHAUSEN, LANGER (1977, S.19ff) in ihren wesentlichen Schritten wie folgt dar:

(1) Datenerhebung und Erstellen einer Rohdatenmatrix.

(2) Aufbereitung des Datenmaterials, Untersuchung der Daten auf Abhängigkeiten und Redundanzen.

(3) Auswahl einer Funktion zur Beschreibung der Beziehungen zwischen Objekten.

(4) Auswahl eines Algorithmus zum gezielten Zusammenfassen von Objekten zu möglichst homogenen Clustern.

(5) Technische Durchführung.

(6) Analyse und Interpretation der gewonnenen Ergebnisse.

5.4.2 Merkmalskalierungen

Wie die Diskussion der verschiedenen Ähnlichkeitsmaße in Kapitel 5.4.4 zeigen wird, spielt die Skalierung der Merkmale, die der Objektbeschreibung dienen, eine große Rolle. Abbildung 5.4-1 zeigt die wichtigsten Möglichkeiten der Merkmalskalierung.

Das Skalenniveau steigt von der Nominal- zur Ratioskala, und mit dem Skalenniveau nimmt der Informationsgehalt des zugehörigen Merkmals zu. Der vorliegenden Untersuchung liegen nominale Merkmale mehrstufiger Ausprägung zugrunde. Die Nominalskalierung unterscheidet sich von den übrigen Skalierungen durch das Fehlen einer Ordnung im Sinne einer Rangfolge unter den Merkmalsausprägungen. Während bei den anderen Skalierungen auch der Unterschied zwischen Objekten bezüglich eines Merkmals mehr oder weniger bestimmt werden kann, d.h. Informationen über die Beziehungen zwischen den Objekten liefert, ist dies bei nominalen Merkmalen nicht möglich. Hinsichtlich eines nominalen Merkmals ist die Rede von der Übereinstimmung bzw. Nicht-Übereinstimmung von zwei Objekten.

Skala		Merkmale	Mögliche rechnerische Handhabung
Nicht-metrische Skalen	NOMINALSKALA	Klassifizierung qualitativer Eigenschaftsausprägungen	Bildung von Häufigkeiten
	ORDINALSKALA	Rangwert mit Ordinalzahlen	Ermittlung des Median
Metrische Skalen	INTERVALLSKALA	Skala mit gleichgroßen Abschnitten ohne natürlichen Nullpunkt	Addition, Subtraktion
	RATIOSKALA	Skala mit gleichgroßen Abschnitten und natürlichem Nullpunkt	Addition, Subtraktion, Multiplikation, Division

Abb. 5.4-1: Skalen und ihre Meßniveaus (nach SCHUCHARD-FICHER u.a. 1982, S.5)

5.4.3 Korrelationsanalyse der Merkmale

Um auszuschließen, daß das Ziel der Clusteranalyse verfehlt wird, werden im Rahmen der Korrelationsanalyse die Merkmale hinsichtlich ihrer Abhängigkeiten untereinander untersucht. Zweck dieser Analyse ist es, überdurchschnittlch hoch korrelierte Merkmale aufzuzeigen, die bei der Clusterung zu einer unangemessen hohen Gewichtung einzelner Untersuchungsaspekte und damit zu einer Verzerrung der Klassifikationsergebnisse führen könnten (vgl. VOGEL 1975, S. 88 ff).

Als Bewertungsmaß für die Korrelation zweier Merkmale dient der Korrelationskoeffizient r. Dieser Korrelationskoeffizient bewegt sich allgemein im Wertebereich zwischen -1 und +1, d.h. zwischen vollständiger negativer und positiver Korrelation. Bei r = 0 gelten die Merkmale als unkorreliert. Dieser Wert wird allerdings nur selten erreicht, da in der

Regel Abhängigkeiten beschreibender Merkmale nicht zu vermeiden sind.

Treten jedoch partielle Ähnlichkeiten mit dem Betrage nach überdurchschnittlich hohem Korrelationskoeffizienten auf, so ist zu prüfen, ob den Merkmalen nicht ein gemeinsames Merkmal zugrundegelegt werden kann, das ein unangemessen hohes Gewicht und somit eine Verzerrung der Ergebnisse vermeidet (vgl. VOGEL 1975, S. 60).

Die Art der Berechnung des Korrelationskoeffizienten richtet sich nach der Skalierung der der Clusteranalyse zugrundeliegenden Merkmale. Die in der Praxis gebräuchlichsten Korrelationskoeffizienten sind in Abbildung 5.4-2 aufgeführt. Weitere Korrelationskoeffizienten, insbesondere für unterschiedlich skalierte Merkmale, sind bei LIENERT (1973), BÖCKER (1978) und BORTZ (1985) zu finden.

Skalierung von Y \ Skalierung von X	**kardinal**	**ordinal**	**nominal**
kardinal	Bravais-Pearson-Korrelations-koeffizient	↑	↑
ordinal	←	Rangkorrelations-koeffizient	↑
nominal	←	←	Kontingenz-koeffizient

Abb. 5.4-2: In Abhängigkeit vom Skalenniveau einsetzbare Korrelationskoeffizienten (nach BAMBERG, BAUR 1982, S.36)

Für die im vorliegenden Fall nominal skalierten Merkmale ist gemäß Abbildung 5.4-2 der Kontingenzkoeffizient zu berechnen. Der Kontingenzkoeffizient kann nur Werte zwischen 0 und 1 annehmen, d.h. er kann lediglich eine Aussage bezüglich der Stärke des Zusammenhangs bzw. der Abhängigkeit zwischen zwei Merkmalen treffen, jedoch keine Aussage bezüglich der Richtung (positiv bzw. negativ korreliert) (vgl. ÜBERLA 1968, S.301).

Die Berechnung des Kontingenzkoeffizienten erfordert die Durchführung der folgenden Schritte (vgl. BAMBERG, BAUR 1982, S. 41):

(1) Aufstellung der Kontingenztabelle mit Randhäufigkeiten $h_{i.}$ und $h_{.j}$ (siehe Abbildung 5.4-3) sowie Berechnung der Chi-Quadrat-Größe χ^2 gemäß den Gleichungen /1/ und /2/.

$$\widetilde{h}_{ij} = h_{i.} \ h_{.j} \ / \ n \qquad\qquad /1/$$

$$\chi^2 = \sum_{i=1}^{k} \sum_{j=1}^{l} (h_{ij} - \widetilde{h}_{ij})^2 \ / \ \widetilde{h}_{ij} \qquad /2/$$

mit n = Anzahl der Objekte

k = Anzahl der auftretenden Ausprägungen des Merkmals X

l = Anzahl der auftretenden Ausprägungen des Merkmals Y

Merkmal Y / Merkmal X	Merkmalsausprägungen					Randhäufigkeiten $h_{i.}$
	1	2	3	. . .	l	
1	h_{11}	h_{12}	h_{13}	$\cdots$	h_{1l}	$h_{1.}$
2	h_{21}	h_{22}	h_{23}	$\cdots$	h_{2l}	$h_{2.}$
3	h_{31}	h_{32}	h_{33}	$\cdots$	h_{3l}	$h_{3.}$
.	.	.	.		.	.
.	.	.	.		.	.
.	.	.	.		.	.
k	h_{k1}	h_{k2}	h_{k3}	$\cdots$	h_{kl}	$h_{k.}$
Randhäufigkeiten $h_{.j}$	$h_{.1}$	$h_{.2}$	$h_{.3}$	$\cdots$	$h_{.l}$	n

Abb. 5.4-3: Kontingenztabelle zur Berechnung der Randhäufigkeiten

(2) Bestimmung des Kontingenzkoeffizienten K nach Gleichung /3/

$$K = \sqrt{\chi^2 / (n + \chi^2)} \qquad \text{/3/}$$

(3) Bildung des korrigierten Kontingenzkoeffizienten K_{korr} gemäß
Gleichung /4/

$$K_{korr} = K / K_{max} \qquad \text{/4/}$$

$$\text{mit}\ K_{max} = \sqrt{(M-1) / M}\quad \text{und}\quad M = \min\{k, l\}$$

Der Kontingenzkoeffizient K strebt mit wachsendem χ^2 dem Wert 1 asymp-
totisch entgegen, erreicht ihn jedoch nicht. Diesen kleinen "Schönheits-
fehler" vermeidet der korrigierte Kontingenzkoeffizient, der das Normie-
rungsintervall $[0,1]$ voll ausschöpft (vgl. BAMBERG, BAUR 1982, S. 40 f).

Die Ergebnisse der Kontingenzberechnung für die der vorliegenden Untersuchung zugrundeliegenden Daten gehen aus Abbildung A3-1 in Anhang A3
(Kontingenzmatrix 1) hervor. Zur Durchführung der Kontingenzberechnung
wurde das Programm KORRC aus der Programmbibliothek des Forschungsinstituts für Rationalisierung (FIR) benutzt. Die dabei zugrundegelegten
Merkmale beschreiben die EDV-mäßigen Verknüpfungsmöglichkeiten der Pro-
duktions- und Verwendungsbereiche vollständig (vgl. Kapitel 5.4.7).

Innerhalb der Kontingenzmatrix 1 zeigen vor allem die Merkmale 9 und 11
hohe Abhängigkeiten zu anderen Merkmalen. Diese Merkmale dienen zur
Beschreibung der EDV-Unterstützung der Planzeitermittlung im Rahmen der
Arbeitsplanung. Da bei keinem der untersuchten Betriebe eine Planzeitermittlung in der Arbeitsplanung angetroffen wurde, wird die Kontingenzmatrix um die Merkmale 9 und 11 verringert. Die reduzierte und verbesserte
Kontingenzmatrix 2 ist aus Abbildung A3-2 ersichtlich. Eine weitere
Reduktion dieser Kontingenzmatrix erscheint nicht sinnvoll, da die Kon-
tingenzkoeffizienten insgesamt auf einem relativ hohen Niveau liegen und
somit eine Verzerrung der Ergebnisse infolge einer partiell hohen
Gewichtung nicht zu erwarten ist.

5.4.4 Quantifizierung der Ähnlichkeit der Objekte

Stehen nun die Daten in befriedigender Form zur Verfügung, muß eine der Datenstruktur angemessene Ähnlichkeitsfunktion ausgewählt werden.

In Abbildung 5.4-4 ist ein Überblick über die gebräuchlichen Ähnlichkeitsmaße widergegeben.

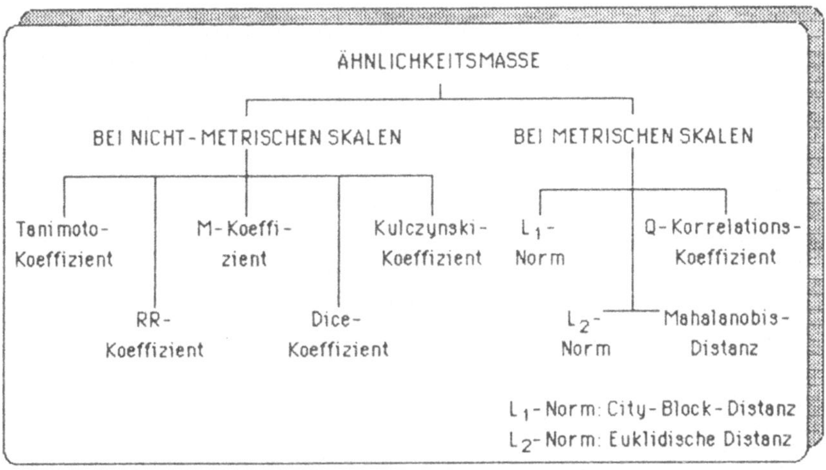

Abb. 5.4-4: Überblick über Ähnlichkeitsmaße (nach SCHUCHARD-FICHER u.a. 1982, S.109)

Da der vorliegenden Untersuchung mehrstufige nominale (nicht-metrische) Daten zugrunde liegen, ist man unter Beibehaltung der nominalen Skalierung bezüglich der Wahl eines geeigneten Ähnlickeitsmaßes stark eingeschränkt; denn die meisten der in Abbildung 5.4-4 bei nicht-metrischen Skalen aufgeführten Koeffizienten können nur Anwendung bei Merkmalen mit lediglich zweistufiger Ausprägung (binäre Merkmale) finden. Will man eine mit Informationsverlust und Gewichtungsproblemen verbundene Transformation der mehrstufigen nominalen Merkmale in binäre vermeiden, so ist man bezüglich des Ähnlichkeitsmaßes auf den M-Koeffizienten (Matching-Koeffizient) festgelegt.

"Um bei mehrstufigen Merkmalen die Ähnlichkeit zweier Objekte O_j , O_k zu messen, betrachtet man die Anzahl u_{jk} der übereinstimmenden Komponenten von x_j und x_k. Dann ist das Ähnlichkeitsmaß

$$s_{jk} := u_{jk} / p$$

eine Verallgemeinerung des M-Koeffizienten ..."(BOCK 1974, S. 68). Dabei bezeichnet p die Gesamtzahl der Komponenten bzw. Merkmale.

Auch bei STEINHAUSEN, LANGER (1977) wird ein Ähnlickeitsmaß für nominale Merkmale mehrstufiger Ausprägung vorgeschlagen, das nach dem Verzicht auf Gewichtungsparameter dem Matching-Koeffizienten entspricht.

Der Matching-Koeffizient untersucht also zwei Zeilenvektoren der Datenmatrix auf gemeinsame Komponenten und stellt die Anzahl der Übereinstimmungen in Relation zur Gesamtanzahl der Merkmale fest. Zwei identischen Objekten wird somit durch den Matching-Koeffizienten das Ähnlichkeitsmaß 1 zugewiesen, zwei Objekten ohne gemeinsame Merkmalsausprägungen der Wert 0. Damit ergibt sich für den möglichen Wertebereich des Ähnlichkeitsmaßes s_{jk}

$$0 \leq s_{jk} \leq 1$$

Das Ergebnis der Behandlung der Ausgangsdaten mit Hilfe des Matching-Koeffizienten ist die Ähnlichkeitsmatrix S, die zur Hauptachse symmetrisch ist (d.h. $s_{kj} = s_{jk}$) und die Hauptachsenwerte $s_{jj} = 1$ aufweist.

$$
S = \begin{array}{c} O_1 \\ O_2 \\ O_3 \\ \\ O_j \\ \\ O_n \end{array}
\begin{pmatrix}
1 & s_{12} & s_{13} & s_{14} & s_{1k} & s_{1n} \\
s_{21} & 1 & s_{23} & s_{24} & s_{2k} & s_{2n} \\
s_{31} & s_{32} & 1 & s_{34} & s_{3k} & s_{3n} \\
 & & & & & \\
s_{j1} & s_{j2} & s_{j3} & s_{j4} & s_{jk} & s_{jn} \\
 & & & & & \\
s_{n1} & s_{n2} & s_{n3} & s_{n4} & s_{nk} & 1
\end{pmatrix}
\quad \text{mit } s_{kj} = s_{jk}
$$

(Spaltenköpfe: $O_1 \quad O_2 \quad O_3 \quad O_4 \ldots O_k \ldots O_n$)

Diese Ähnlichkeitsmatrix S läßt sich mit Hilfe der Gleichung

$$d_{jk} = 1 - s_{jk}$$

in eine "Unähnlichkeits"- oder "Distanzmatrix" D umwandeln. Man erhält eine wiederum symmetrische Matrix mit den Hauptachsenelementen $d_{jj} = 0$.

Zur Berechnung dieser Distanzmatrix D aus der Merkmalsmatrix unter Anwendung des Matching-Koeffizienten steht das Programm DISSMA aus der Programmbibliothek des Forschungsinstituts für Rationalisierung (FIR) zur Verfügung.

5.4.5 Verschiedene Verfahren der Clusteranalyse

Nachdem mit Hilfe der Ähnlichkeitsfunktion die Beziehungen zwischen den Objekten quantifiziert worden sind, müssen unter Verwendung eines geeigneten Gruppierungsalgorithmus die Elemente der Objektmenge zu möglichst homogenen Untermengen zusammengefaßt werden. Der folgende Überblick in Abbildung 5.4-5 stellt die gebräuchlichen Clusterverfahren vor.

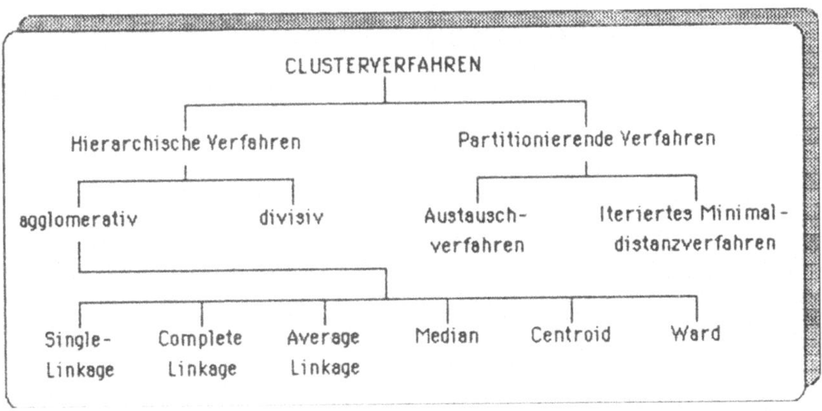

<u>Abb. 5.4-5:</u> Überblick über Cluster-Algorithmen (nach SCHUCHARD-FICHER u.a. 1982, S. 128)

Hieraus geht zunächst die Differenzierung der Clusteranalyseverfahren in hierarchische und partitionierende hervor.

<u>Hierarchische Verfahren:</u>

Bei den hierarchischen Verfahren unterscheidet man ein agglomeratives und ein divisives Vorgehen. Divisive Verfahren gehen in ihrem Konstruktionsprinzip von der gröbsten Partition aus (d.h. alle Objekte finden sich in einem Cluster) und verfeinern diese durch gezielte Festlegung von Teilmengen (vgl. Abbildung 5.4-6). Abgesehen von Hinweisen auf ihre Umständlichkeit, den mit ihnen verbundenen großen Rechenaufwand und ihre unbefriedigenden Ergebnisse werden diese Verfahren in der Literatur nicht weiter berücksichtigt.

Die agglomerativen Verfahren führen mit weniger Aufwand zu besseren Ergebnissen und werden deshalb allgemein vorgezogen (vgl. STEINHAUSEN, LANGER 1977, S.100; SCHUCHARD-FICHER u.a. 1982, S.127). Sie beginnen mit der feinsten Partition (jedes Objekt bildet genau einen Cluster) und fassen schrittweise möglichst ähnliche Objekte bzw. Cluster solange zu neuen Klassen zusammen, bis alle Objekte in einer Klasse (der Objektmenge) vereinigt sind.

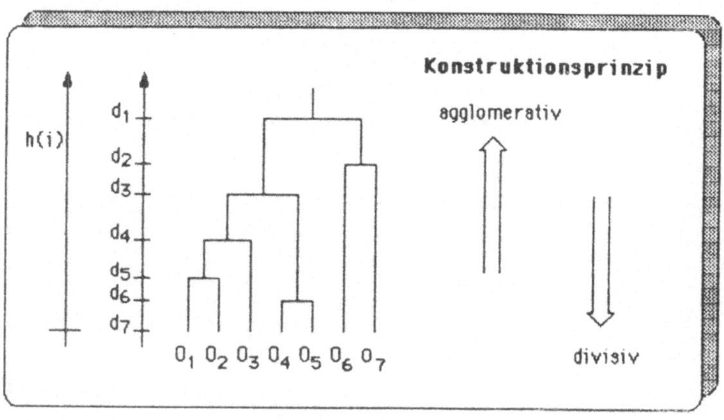

<u>Abb. 5.4-6:</u> Konstruktionsprinzipien bei hierarchischen Verfahren
- Dendrogramm (nach STEINHAUSEN-LANGER 1977, S.74)

Es ist üblich, die Ergebnisse der hierarchischen Clusterverfahren in sogenannten Dendrogrammen graphisch darzustellen (vgl. Abbildung 5.4-6), aus denen die schrittweise Bildung der Cluster mit den zugehörigen Distanzniveaus d_i, auf denen die verschiedenen Cluster verschmelzen, in übersichtlicher Form hervorgeht. Die Distanzniveaus d_i der Verschmelzung stellen gleichzeitig ein Maß für die Güte der Clusterbildung dar, das auch als Heterogenitätsmaß h(i) bezeichnet wird. Je geringer das Heterogenitätsmaß, desto homogener ist die zugehörige Klasse. Je größer der Zuwachs des Heterogenitätsmaßes zum nächsten übergeordneten Cluster, desto unähnlicher sind die dabei verschmelzenden Klassen.

Partitionierende Verfahren:

Die partitionierenden Verfahren gehen von einer Vorstrukturierung der Objektmenge mit a priori festgelegten Clustern aus und versuchen, diese nach einem geeignet zu wählenden Gütekriterium (Gütefunktion) zu verbessern, indem die Objekte zwischen den verschiedenen Clustern ausgetauscht werden. Ihr wesentlicher Nachteil besteht darin, daß man gezwungen ist, sich bereits vor der Untersuchung auf eine bestimmte Clusteranzahl festzulegen, die auch nicht mehr verändert werden kann. Jedoch empfehlen STEINHAUSEN, LANGER (1977, S. 75), die durch ein agglomeratives Verfahren ermittelten Klassifikationen als Ausgangspartitionierung für ein partitionierendes Verfahren zu verwenden, um so eine Verbesserung des Analyseergebnisses zu versuchen.

5.4.6 Auswahl je eines geeigneten hierarchischen und partitionierenden Clusterverfahrens

Die grundsätzliche Logik der agglomerativen hierarchischen Clusterverfahren läßt sich besonders gut an dem Ablaufschema nach SCHUCHARD-FICHER u.a. (1982) verdeutlichen (siehe Abbildung 5.4-7).

Die verschiedenen Verfahren unterscheiden sich lediglich in Schritt fünf des Ablaufs, dem Berechnen der neuen Distanzmatrix nach dem Zusammenfassen von Clustern (Klassen) bzw. Objekten als feinster Klasse.

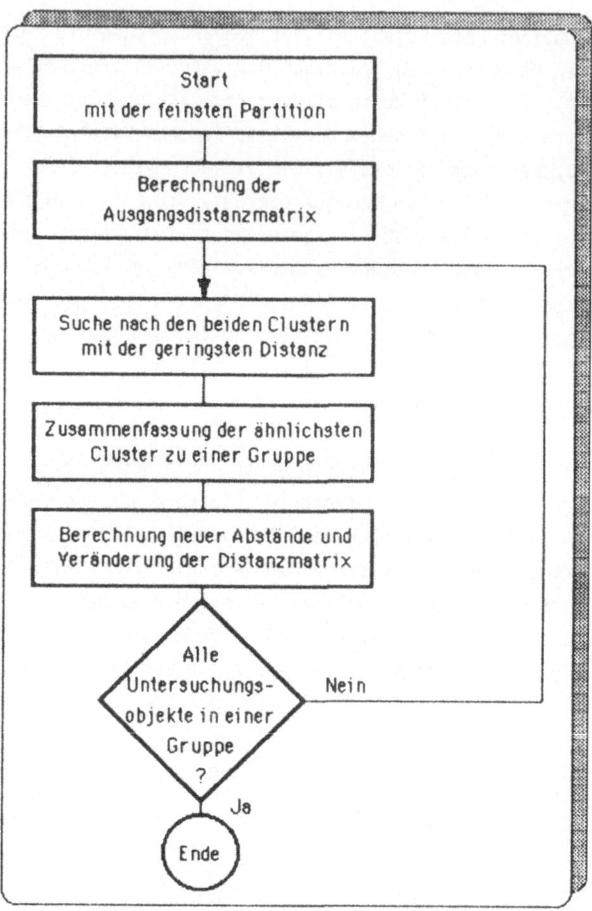

Abb. 5.4-7: Grundsätzlicher Ablauf von agglomerativen hierarchischen Clusterverfahren (nach SCHUCHARD-FICHER u.a. 1982, S.129)

Nach dem Zusammenfassen zweier Klassen bzw. Objekte A_p und A_q zu A_{neu} muß eine neue Distanzmatrix D_{neu} aufgestellt werden, die die Distanzen zwischen der neuen Klasse A_{neu} und den übrigen Klassen bzw. Objekten A_i enthält. Alle Verfahren, die hierarchisch agglomerativ vorgehen, lassen sich nun auf eine rekursive Formel zur Berechnung der Distanz d zwischen den Klassen zurückführen:

$$d(A_{neu},A_i) = \alpha_q\, d(A_q,A_i) + \alpha_p\, d(A_p,A_i) + \beta\, d(A_p,A_q) + \gamma\left|d(A_i,A_p) - d(A_i,A_q)\right|$$

Die Verfahren variieren nur in der Wahl der Parameter α_p, α_q, β und γ.

Bei STEINHAUSEN, LANGER (1977) findet sich eine Übersicht über die Parameter zu den bisher entwickelten agglomerativen Clusterverfahren gemäß Abbildung 5.4-8.

Verfahren	Parameter				Distanz d_{qi}^{neu}
	α_p	α_q	β	γ	
1 Single Linkage (Nearest Neighbor)	$1/2$	$1/2$	0	$-1/2$	$\min(d_{pi}, d_{qi})$
2 Complete Linkage (Furthest Neighbor)	$1/2$	$1/2$	0	$1/2$	$\max(d_{pi}, d_{qi})$
3 Average Linkage	$1/2$	$1/2$	0	0	$\frac{1}{2}(d_{pi} + d_{qi})$
4 Average Linkage (weighted)	$\frac{n_p}{n}$	$\frac{n_q}{n}$	0	0	$\frac{1}{n}(n_p d_{pi} + n_q d_{qi})$
5 Median	$1/2$	$1/2$	$-1/4$	0	$\frac{1}{2}(d_{pi} + d_{qi}) - \frac{1}{4} d_{pq}$
6 Centroid	$\frac{n_p}{n}$	$\frac{n_q}{n}$	$\frac{-n_p n_q}{n^2}$	0	$\frac{1}{n}(n_p d_{pi} + n_q d_{qi}) - \frac{n_p n_q}{n^2} d_{pq}$
7 Ward	$\frac{n_p + n_i}{n + n_i}$	$\frac{n_q + n_i}{n + n_i}$	$\frac{-n_i}{n + n_i}$	0	$\frac{1}{n + n_i}((n_i + n_p) d_{pi} + (n_i + n_q) d_{qi} - n_i d_{pq})$
8 Flexible Strategie	α	α	$1 - 2\alpha$	0	$\alpha(d_{pi} + d_{qi}) + (1 - 2\alpha) d_{pq}$

Abb. 5.4-8: Übersicht über die wichtigsten agglomerativen Verfahren
(STEINHAUSEN, LANGER 1977, S.77)

Es muß nun ein geeignetes agglomeratives Verfahren ausgewählt werden, wobei vor allem die der Distanzmatrix zugrundeliegende Ähnlichkeits- bzw. Distanzfunktion und damit letztlich die Merkmalskalierung zu berücksichtigen ist.

Da die nominalen Daten, auf die sich die vorliegende Untersuchung bezieht, keine quadrierten euklidischen Distanzmaße (vgl. Abbildung 5.4-4) zulassen, können das Median- und das Centroid-Verfahren nicht herangezogen werden, da diese nur für quadrierte euklidische Distanzen geeignet sind. Andere Verfahren fallen wegen mangelnder Leistungsfähigkeit aus (Single Linkage, Complete Linkage) (vgl. VOGEL 1975, S. 349 ff). Folgt man der einschlägigen Literatur, so steht im vorliegenden Fall lediglich das Ward-Verfahren sinnvoll zur Verfügung. So hält VOGEL (1975, S. 350) das Ward-Verfahren neben dem aus der Informationstheorie stammenden Entropie-Verfahren (beschrieben z.B. bei VOGEL 1975, S.109ff), das ebenfalls zur Klassifkation verwandt wird, für das leistungsfähigste.

Bei STEINHAUSEN, LANGER (1977, S.81) wird betont, daß die Verwendung des Ward-Verfahrens, obgleich dieses ursprünglich für euklidische Distanzen entwickelt wurde, auch bei der Wahl beliebiger Distanzmaße zu befriedigenden Ergebnissen führt. Das in der Programmbibliothek des FIR zur Verfügung stehende Programm CLUSTER ermöglicht die Durchführung der Clusteranalyse nach dem Ward-Verfahren. Die unter Verwendung des Ward-Verfahrens ermittelte Klassifikation wird dem im folgenden näher beschriebenen Austauschverfahren, einem partitionierenden Verfahren, unterzogen, um gegebenenfalls noch eine Verbesserung der Klassifikation zu erreichen.

Neben dem Minimaldistanzverfahren ist das Austauschverfahren das am häufigsten verwandte partitionierende Verfahren. Es kann - im Gegensatz zum Minimaldistanzverfahren, das nur für metrisch skalierte Merkmale geeignet ist - aufgrund der Allgemeinheit der ihm zugrunde liegenden Gütefunktion auf beliebige Distanzen angewandt werden (vgl. STEINHAUSEN, LANGER 1977, S.135 ff). Die Gütefunktion $z(g)$ hat nach STEINHAUSEN, LANGER (1977) folgende Form:

$$z(g) = \sum_{e=1}^{k} (1/n_e) \sum_{i \in g_e} \sum_{\substack{j \in g_e \\ i > j}} d_{ij}$$

mit   k   = Anzahl der Klassen

      n_e = Anzahl der Objekte O der Klasse g_e

      d_{ij} = Distanz zwischen den Objekten O_i und O_j

Für jedes Objekt wird nun untersucht, ob seine Verschiebung in eine andere Klasse zur Verkleinerung des Wertes der Gütefunktion z(g) führt. Es erfolgt abschließend die Verschiebung in die Klasse, die eine maximale Verringerung des Wertes z(g) zur Folge hat. Das Austauschverfahren wird mittels des Programms AUST aus der Programmbibliothek des FIR durchgeführt.

5.4.7 Ergebnisdarstellung und Interpretation

Abbildung 5.4-9 zeigt das Ergebnis der Clusteranalyse in Form eines Dendrogramms der produktions- und verwendungsbereichsübergreifenden Organisation der BDE.

Die Größe des Heterogenitätszuwachses $\Delta h(i)$ läßt erkennen, wie heterogen zwei Gruppen bzw. Objekte vor ihrem Zusammenschluß waren. Eine geeignete Typenbildung setzt daher an einer solchen Stelle an, an der allgemein ein hoher Heterogenitätszuwachs auftritt. Eine geeignete Stelle zur Bildung von Organisationstypen mit geringer Heterogenität innerhalb der Cluster, aber großem Heterogenitätszuwachs zwischen den Clustern ist in Abbildung 5.4-9 durch die gestrichelte Linie gekennzeichnet. Hier ergeben sich bei einem Heterogenitätsmaß von 0,62 sechs Betriebsklassen, wobei die zu einer Klasse gehörenden Betriebe sich hinsichtlich ihrer organisatorischen Gestaltung der BDE jeweils zu einem Klassenprofil bzw. Organisationstyp zusammenfassen lassen.

Organisationstyp 1:

Abbildung 5.4-10 zeigt die wesentlichen organisatorischen Gestaltungsmerkmale des ersten Organisationstyps. Dieser Organisationstyp zeichnet sich durch ein integriertes System für die bereichsübergreifende PPS aus, das für alle betrachteten Produktionsbereiche, also Konstruktion,

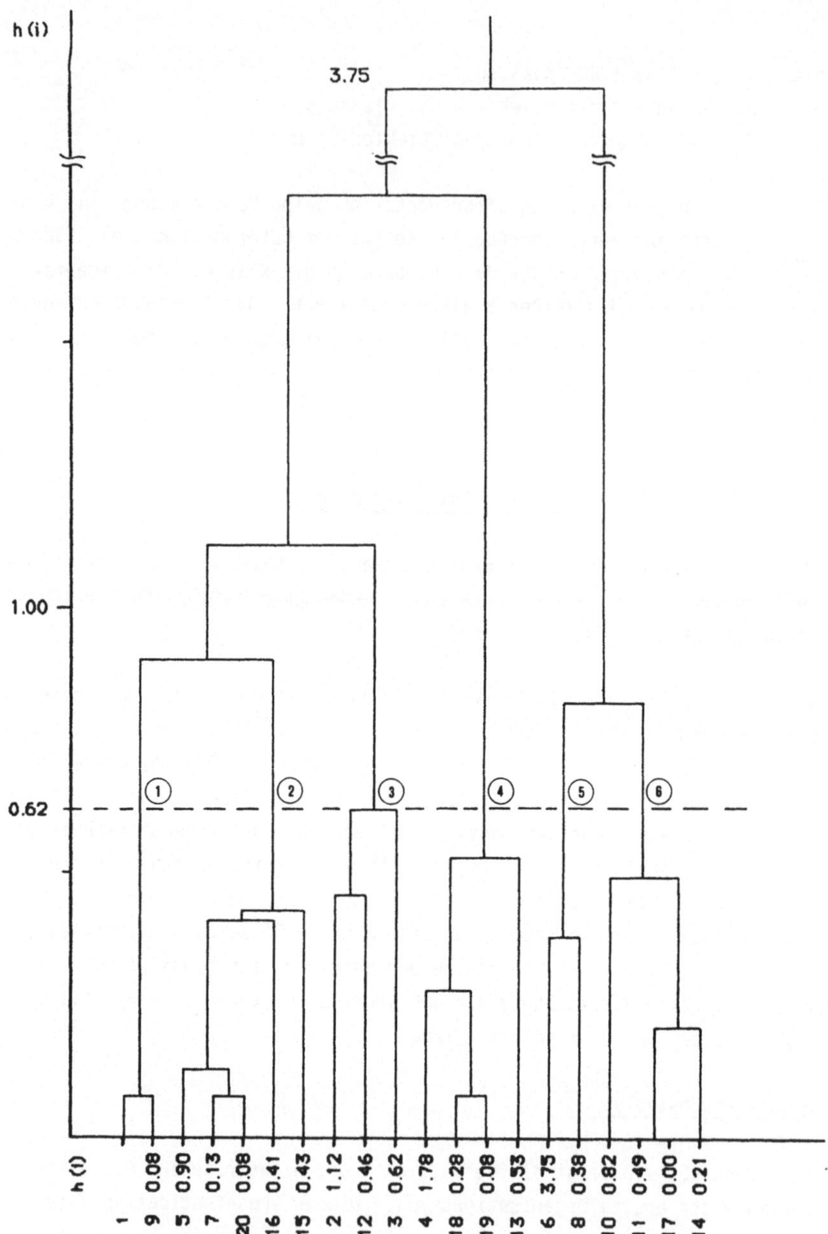

Abb. 5.4-9: Dendrogramm zur Klassifizierung der produktions- und verwendungsbereichsübergreifenden Organisation der BDE

Arbeitsplanung und Fertigung eingesetzt wird. Darüberhinaus existiert bei einem Teil der Betriebe in der Fertigung noch ein zweites Softwarepaket zur bereichsinternen PPS, das zwar auf der gleichen Hardware eingesetzt wird, aber nicht mit dem System zur bereichsübergreifenden PPS gekoppelt ist. In den Bereichen Konstruktion und Arbeitsplanung werden bereichsintern keine Betriebsdaten für PPS-Zwecke erfaßt. Die Betriebsdaten werden dem bereichsübergreifenden System durch Eingabe von Belegen übermittelt.

Ein weiteres wesentliches Mermal dieses Organisationstyps ist der Einsatz eines Softwarepaketes zur Planzeitermittlung in der Konstruktion. Die dafür benötigten Daten werden getrennt über einen eigenen bzw. in einem Fall über einen gemeinsamen Beleg erfaßt und müssen noch ein zweites Mal in das EDV-System eingegeben werden.

Auch das Softwarepaket zur Planzeitermittlung wird auf dem gleichen Hardwaresystem wie die Software für die bereichsübergreifende PPS eingesetzt. Für die Kostenrechnung existiert sowohl in der Konstruktion wie auch in der Arbeitsplanung keine EDV-Unterstützung.

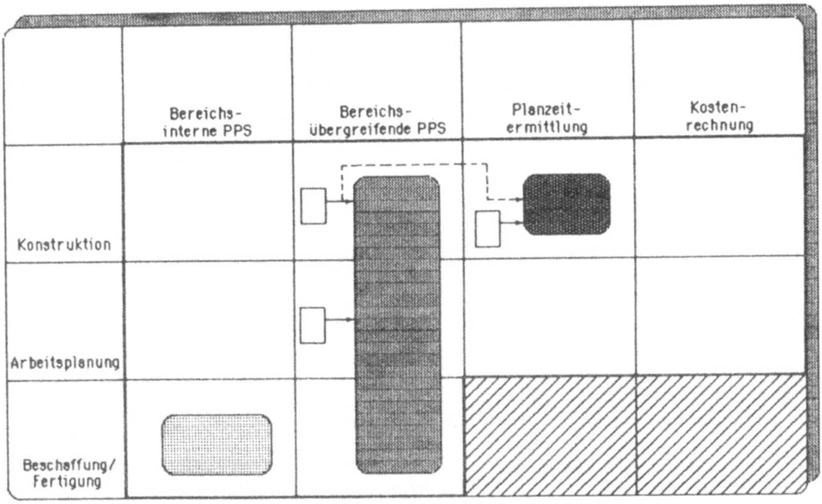

Abb. 5.4-10: Gestaltung des Organisationstyps 1

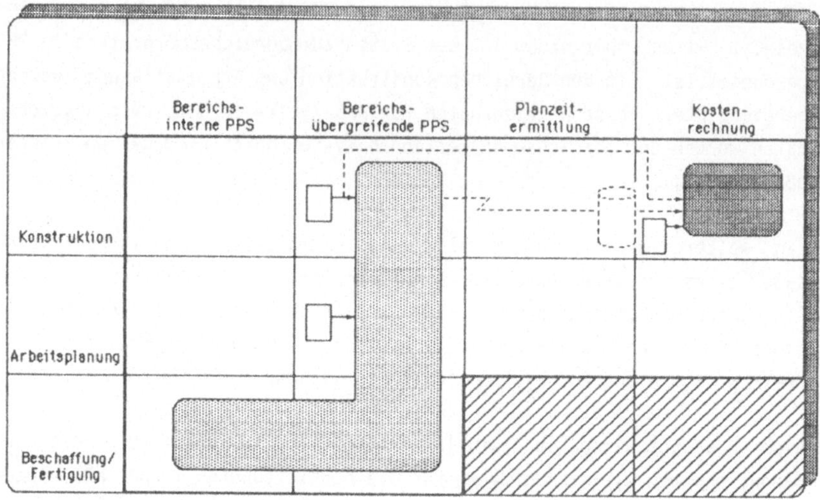

__Abb. 5.4-11:__ Gestaltung des Organisationstyps 2

Organisationstyp 2:

Die organisatorische Gestaltung des zweiten Organisationstyps stellt die
Abbildung 5.4-11 dar. Bei diesem Typ existiert wie schon beim ersten
Organisationstyp für die bereichsübergreifende PPS ein integriertes
System für alle Produktionsbereiche. In der Fertigung erweitert sich
dieses System bei einem Teil der Betriebe auch auf die bereichsinterne
PPS, während die anderen Betriebe für diesen Verwendungsbereich ein
eigenens Softwarepaket einsetzen.

Ein entscheidender Unterschied dieses Organisationstyps im Vergleich zum
ersten liegt darin, daß keiner der zu dieser Gruppe gehörenden Betriebe
Betriebsdaten für die Planzeitermittlung erfaßt, sondern Betriebsdaten
aus der Konstruktion in die Kostenrechnung einfließen.

Die Betriebsdatenerfassung für diesen Verwendungsbereich geschieht dabei
auf unterschiedliche Weise. Bei der Mehrzahl der Betriebe muß der Mitarbeiter in der Konstruktion einen zusätzlichen Beleg für die Kosten-

rechnung ausfüllen, es besteht aber auch die Möglichkeit, den einmal für die PPS erstellten Vorerfassungsbeleg ein zweites Mal für die Kostenrechnung zu nutzen. Die dritte Variante stellt die periodische (monatliche) Datenübertragung (online-batch) der einmal im Rahmen der PPS EDV-unterstützt erfaßten Betriebsdaten dar, die den geringsten Aufwand für die BDE darstellt, aber in der Praxix nur selten eingesetzt wird.

Auch bei dem zweiten Organisationstyp werden in der Mehrzahl der Betriebe alle Softwarepakete auf dem gleichen Hardwaresystem eingesetzt.

Im Rahmen der Arbeitsplanung existieren keine EDV-unterstützten Systeme für die Planzeitermittlung und Kostenrechnung.

Organisationstyp 3:

Der dritte Organisationstyp ist gekennzeichnet durch eine bereichsinterne PPS in der Konstruktion (siehe Abbildung 5.4-12). Dieses System existiert neben der bereichsübergreifenden PPS für alle Produktionsbereiche auf einem eigenen EDV-System, d.h. ein getrenntes Softwarepaket auf einer eigenen Hardware. Die Kopplung zwischen diesen beiden Systemen ist in der Regel eine "Papierschnittstelle", d.h. ein eigener Beleg für jeden Verwendungsbereich oder aber auch eine EDV-Liste, in der die einmal im Rahmen der bereichsinternen PPS erfaßten Betriebsdaten an die bereichsübergreifende PPS in aufbereiteter Form weitergegeben werden. Einen Ausnahmefall stellt in dieser Betriebsgruppe die Organisationsform dar, bei der sowohl bereichsinterne wie auch bereichsübergreifende PPS auf der gleichen Hardware installiert sind und die Daten in einer online-realtime Datenübertragung vom bereichsinternen zum bereichsübergreifenden Verwendungsbereich übergeben werden. Im Rahmen des mit der Clusteranalyse einhergehenden Abstraktions- und Gruppierungsprozesses kann eine solche Ausnahme jedoch immer wieder auftreten und wird hier aufgrund der prinzipiell geltenden organisatorischen Gestaltung des dritten Organisationstyps gemäß Abbildung 5.4-12 in Kauf genommen.

Die Rückmeldungen zur bereichsübergreifenden PPS aus der Arbeitsplanung werden an einem Bildschirmterminal eingegeben, und zwar aufgrund der Fertigstellung der jeweiligen Arbeitsunterlagen in der Arbeitsplanung. In einem Fall wird diese Meldung direkt aus der Anlage der Arbeitsplanstammsätze in der Datenverwaltung des für den Fertigungsbereich eingesetzten PPS-Systems abgeleitet.

Im Rahmen der Fertigung tritt neben der bereichsübergreifenden PPS noch ein zweites Softwarepaket für die bereichsinterne PPS auf, das grundsätzlich auf dem gleichen Hardwaresystem läuft.

Die Verwendungsbereiche Planzeitermittlung und Kostenrechnung werden ebenfalls nicht in allen Fällen durch eine EDV-mäßige BDE unterstützt; es läßt sich aber feststellen, daß im Bereich der Kostenrechnung für die Konstruktion zumindest eine Tendenz zur EDV-unterstützten BDE zu erkennen ist, während in der Arbeitsplanung prinzipiell keine EDV-Unterstützung für die Planzeitermittlung und Kostenrechnung vorzufinden ist.

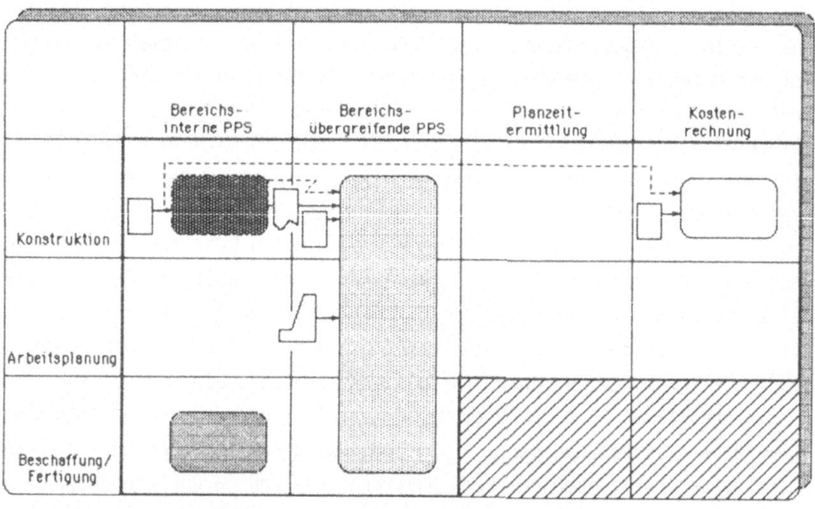

Abb. 5.4-12: Gestaltung des Organisationstyps 3

<u>Organisationstyp 4:</u>

Abbildung 5.4-13 zeigt die kennzeichnenden organisatorischen Gestaltungsmerkmale des vierten Organisationstyps. Hieraus geht hervor, daß

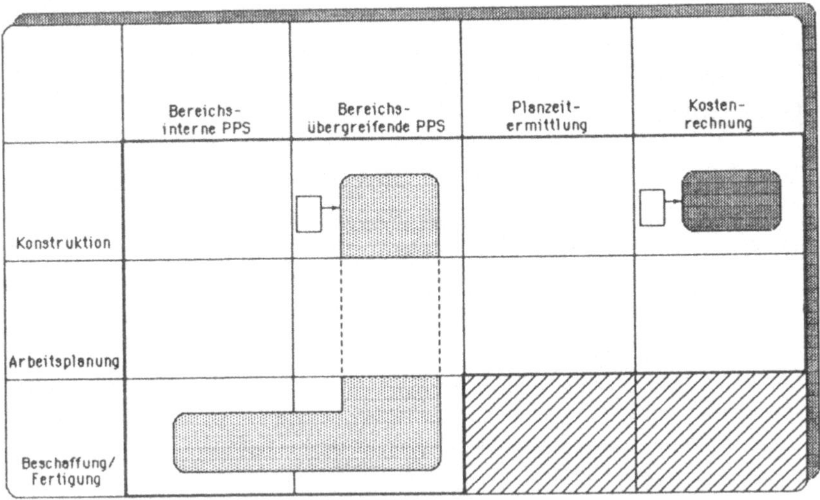

Abb. 5.4-13: Gestaltung des Organisationstyps 4

die zu dieser Gruppe gehörenden Betriebe grundsätzlich keine EDV-Unterstützung für den Produktionsbereich Arbeitsplanung vorgesehen haben. Ein
bereichsübergreifendes PPS-System wird hier nur zur Auftragsabwicklung
in der Konstruktion und Fertigung genutzt. Derartige Systeme stammen
häufig aus dem Fertigungsbereich und wurden dann im Sinne einer Vorlaufsteuerung für den Bereich Konstruktion erweitert. Gemäß dieser Vorgehensweise ist es einleuchtend, daß das EDV-System im Bereich der Fertigung auch ein integriertes System zur bereichsinternen wie zur bereichsübergreifenden PPS darstellt.

In der Konstruktion ist hingegen kein bereichsinternes PPS-System vorzufinden. Zusätzlich zur bereichsübergreifenden PPS werden hier über einen
separaten Beleg noch Betriebsdaten für die Kostenrechnung erfaßt. Eine
Kopplung der beiden Softwarepakete, die auf der gleichen Hardware eingesetzt werden, wurde nicht angetroffen.

Den bisher beschriebenen vier Organisationstypen ist gemeinsam, daß sie
ein EDV-System zur bereichsübergreifenden PPS einsetzen. Hiervon heben

sich die beiden Organisationstypen 5 und 6 dadurch ab, daß ihnen ein solches bereichsübergreifendes System fehlt. Hier werden in erster Linie bereichsweise Systeme, zum Teil auf separater Hardware, eingesetzt, die nur der bereichsinternen Auftragsabwicklung dienen.

Organisationstyp 5:

Abbildung 5.4-14 zeigt die Gestaltung des Organisationstyps 5. Zu diesem Organisationstyp zählen Betriebe, die im Rahmen der Arbeitsplanung bereichsintern ein eigenes EDV-System (Personal Computer) einsetzen oder die Datenverwaltung des für den Fertigungsbereich eingesetzten PPS-Systems auf geschickte Art und Weise und mit geringem Aufwand durch Zusatzprogramme zu einer bereichsinternen PPS nutzen, indem nämlich die Anlage eines Arbeitsplan-Stammsatzes automatisch als Rückmeldung verbucht wird. Die für die zweite Variante genutzten Softwarepakete laufen daher in der Regel auf dem gleichen Hardwaresystem wie das fertigungsinterne PPS-System.

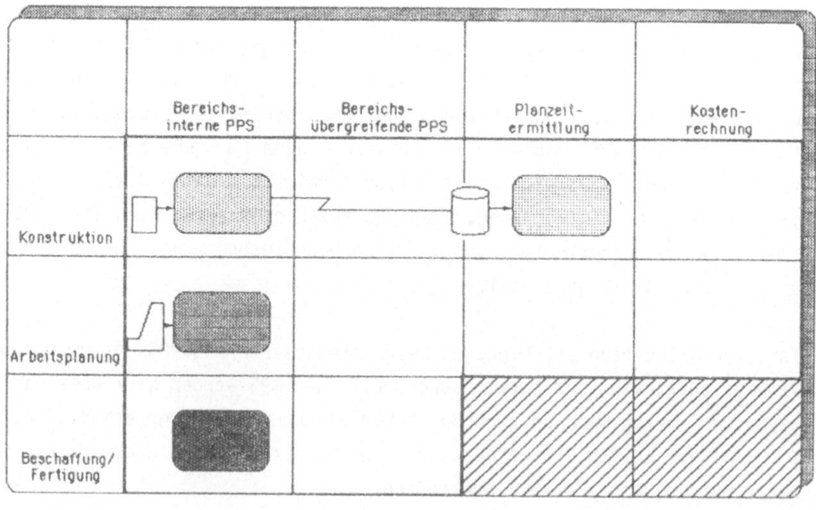

Abb. 5.4-14: Gestaltung des Organisationstyps 5

In einem Betrieb wird zusätzlich noch ein eigenes EDV-System für die bereichsinterne PPS und die Planzeitermittlung in der Konstruktion eingesetzt, jedoch fehlt auch hier eine bereichsübergreifende Kopplung der Systeme.

Für die Kostenrechnung sowie für die Planzeitermittlung in der Arbeitsplanung wird keine EDV-unterstützte BDE eingesetzt.

Organisationstyp 6:

Im Gegensatz zu Organisationstyp 5 liegt die Betonung beim Organisationstyp 6 auf dem Einsatz der EDV-unterstützten BDE in der Konstruktion (vgl. Abbildung 5.4-15). Bei der diesen Organisationstyp repräsentierenden Gruppe von Betrieben werden ausschließlich EDV-unterstützte Insellösungen in der Konstruktion und Fertigung eingesetzt. Im Rahmen der Arbeitsplanung existiert für keinen Verwendungsbereich eine EDV-unterstützte BDE.

	Bereichs-interne PPS	Bereichs-übergreifende PPS	Planzeit-ermittlung	Kosten-rechnung
Konstruktion				
Arbeitsplanung				
Beschaffung/ Fertigung				

Abb. 5.4-15: Gestaltung des Organisationstyps 6

Der Organisationstyp 6 ist charakterisiert durch den EDV-Einsatz im Rahmen der bereichsinternen PPS für die Konstruktion und die Verwendung von Betriebsdaten aus der Konstruktion für die Kostenrechnung. Die Kopplungsarten zwischen diesen beiden Verwendungsbereichen sind unterschiedlich. So existieren z.B. Lösungen mit zwei EDV-Systemen (getrennte Hard- und Software), für die die Betriebsdaten über separate Belege erfaßt werden, wie auch Lösungen mit einem Hardwaresystem und zwei Softwarepaketen, die ihre Daten im online-batch-Betrieb übertragen können.

In der Fertigung existiert ein eigenes Softwarepaket, das keine Verbindung zur bereichsinternen PPS in der Konstruktion hat.

Eine allgemeine Erkenntnis aus der Feldstudie ist, daß die beiden Verwendungsbereiche Planzeitermittlung und Kostenrechnung in den meisten Betrieben alternativ eingesetzt werden, d.h. ein Betrieb, der in der Konstruktion Betriebsdaten für die Planzeitermittlung erfaßt, tut dies in der Regel nicht für die Kostenrechnung und umgekehrt. Hierbei ist ein starkes Übergewicht (70% der Betriebe) bei der EDV-unterstützten BDE für die Kostenrechnung zu verzeichnen, während nur 20% eine Planzeitermittlung durchführen. Betriebe, die Planzeiten ermitteln, zeichnen sich in der Regel durch nur einen geringen auftragsbezogenen Anteil (weniger als 30%) an Neukonstruktionen aus. Desweiteren läßt sich feststellen, daß es sich hierbei meist um Betriebe handelt, die einen hohen Jahresumsatz aufweisen (i.a. über 300Mio. DM/a). Andere naheliegende betriebliche Merkmale wie z.B. Mitarbeiterzahl in der Konstruktion oder Durchlaufzeit der Aufträge durch die Produktionsbereiche lagen bei den Betrieben, die eine Planzeitermittlung durchführen, im Durchschnitt aller Betriebe und lassen keine Trendaussagen zu. Generell läßt sich allerdings feststellen, daß im Rahmen der Arbeitsplanung im allgemeinen keine EDV-unterstützte BDE für die Planzeitermittlung und Kostenrechnung eingesetzt wird.

5.5 Datenauswertung hinsichtlich der produktions- und verwendungsbereichsbezogenen Organisation der BDE

5.5.1 Methodik des Auswerteschemas

Die Datenauswertung hinsichtlich der organisatorischen Gestaltungsformen innerhalb eines Produktions- und Betriebsdatenverwendungsbereiches bedarf einer anderen Methode als die vorangegangene Auswertung der bereichsübergreifenden Organisationsstrukturen. Hierfür sind drei Gründe maßgebend, die eine Anwendung der Clusteranalyse zur Bildung von produktions- und verwendungsbereichsbezogenen organisatorischen Typen der BDE als nicht sinnvoll erscheinen lassen:

1. Einzelne Merkmale zur Beschreibung der organisatorischen Gestaltungsformen je Produktions- und Verwendungsbereich sind hinsichtlich
   bestimmter Merkmalsausprägungen nicht voneinander unabhängig.

2. Bestimmte Kombinationen von Merkmalsausprägungen mehrerer Merkmale
   treten so häufig auf, daß im Rahmen einer Clusteranalyse sehr hohe
   Kontingenzen anfallen.

3. In der vorliegenden Feldstudie werden 20 Betriebe hinsichtlich der
   produktions- und verwendungsbereichsbezogenen organisatorischen Gestaltungsformen näher untersucht. Nicht jeder der 20 Betriebe führt
   jedoch für alle Produktions- und Verwendungsbereiche eine Betriebsdatenerfassung durch, so daß die Anzahl der zu berücksichtigenden organisatorischen Gestaltungsformen je Produktions- und Verwendungsbereich keine sinnvolle Basis bildet bzw. in keinem Verhältnis zum
   Aufwand der Clusteranalyse steht.

Es lassen sich allerdings bereits an einer Analyse der Häufigkeiten des Auftretens bestimmter Merkmale Aussagen sowie Trendentwicklungen aufzeigen, die zusammengefaßt bestimmte organisatorische Profile ergeben. Die im folgenden vorgestellten organisatorischen Profile sollen zur Abgrenzung von den in Kapitel 5.4 mathematisch-statistisch ermittelten Organisationstypen als organisatorische "Grundformen" je Produktions- und Verwendungsbereich bezeichnet werden.

Im folgenden werden zunächst einige Auswertungen hinsichtlich der Häufigkeit des Auftretens bestimmter Verwendungsbereiche angeführt.

Nach dieser Betrachtung werden die organisatorischen Grundformen der BDE je Produktions- und Verwendungsbereich vorgestellt. Die Darstellung der einzelnen betriebsindividuellen Organisationsformen ist dem Anhang A4 zu entnehmen.

5.5.2 Allgemeine Ergebnisse hinsichtlich der Betrachtung der produktions- und verwendungsbereichsbezogenen organisatorischen Gestaltungsformen

Grundsätzlich ist zunächst festzustellen, daß der Einsatz EDV-unterstützter Betriebsdatenerfassung in der Konstruktion häufiger anzutreffen ist als in der Arbeitsplanung. So erfassen 95% der betrachteten Betriebe Betriebsdaten für mindestens einen Verwendungsbereich in der Konstruktion und nur 60% für mindestens einen Verwendungsbereich in der Arbeitsplanung. Die Ursache des Einsatzschwerpunktes der BDE in der Konstruktion ist nach Aussagen der Betriebe darin zu sehen, daß die Durchlaufzeiten in der Konstruktion in der Regel wesentlich länger sind als in der Arbeitsplanung und sich häufig in einer erheblichen Überschreitung der Ecktermine der Konstruktion niederschlagen, während in der Arbeitsplanung dieses Problem so nicht gesehen wird.

Eine weitere grundlegende Erkenntnis ist, daß die Betriebe bisher i.a. noch nicht ohne eine belegorientierte BDE auskommen, gleichzeitig jedoch fast immer eine EDV-unterstützte Verarbeitung nachschalten. Andererseits liegt jedoch auch eine Organisationsstruktur vor, in der keine belegorientierte, sondern nur eine EDV-unterstützte BDE eingesetzt wird. Dieser Betrieb bildet jedoch eine Ausnahme insofern, als er im Verhältnis zu den übrigen Betrieben insgesamt nur einen geringen Anteil der Verwendungsbereiche unterstützt.

Abbildung 5.5-1 zeigt in einem Überblick die Anwendungshäufigkeiten von Systemen mit BDE-Funktionen in den einzelnen Produktions- und Verwendungsbereichen.

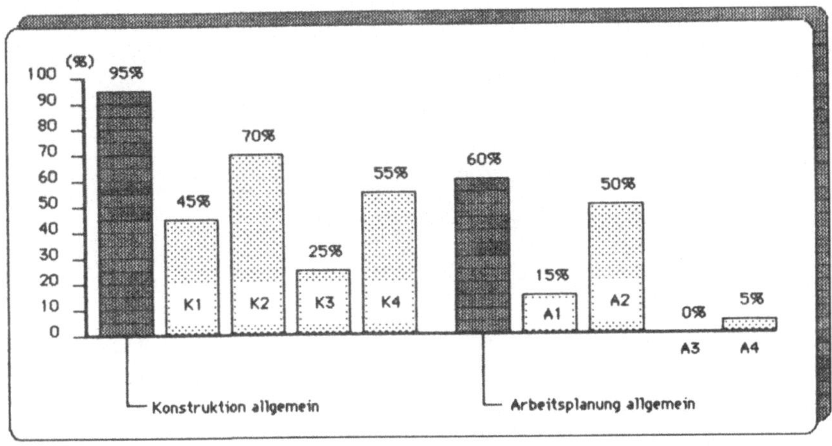

Abb. 5.5-1: Anwendungshäufigkeiten von EDV-Systemen mit BDE-Funktionen in den Produktions- und Verwendungsbereichen

Innerhalb der einzelnen Produktionsbereiche ist ein weiterer Schwerpunkt im Einsatz solcher Systeme für die PPS zu erkennen. Im Rahmen der Konstruktion setzen dabei mehr als die Hälfte der Betriebe Systeme zur bereichsinternen und/oder bereichsübergreifenden PPS ein. Darüber hinaus wurden noch bei 55% der Betriebe Systeme mit BDE-Funktion für den Verwendungsbereich "Kostenrechnung" gefunden. Systeme für den Verwendungsbereich "Planzeitermittlung" treten dagegen mit 25% nur relativ selten auf. Eine Ursache dieser geringen Häufigkeit ist sicherlich die bisher geringe Verbreitung geeigneter Planzeitermittlungsverfahren. Außerdem treten der Einführung solcher Verfahren, die auch nur annähernd genaue Vorgaben machen können, Akzeptanzprobleme von Seiten der Mitarbeiter in der Konstruktion entgegen.

Im Bereich der Arbeitsplanung wird nur für den Verwendungsbereich "bereichsübergreifende PPS" in nennenswertem Maße eine EDV-Unterstützung beider BDE eingesetzt. Aufgrund der im Vergleich zur Konstruktion geringen Durchlaufzeit der Aufträge durch die Arbeitsplanung und des anscheinend nicht vorhandenen Kapazitätsproblems erscheint in der Praxis eine Anwendung von Systemen für die Verwendungsbereiche "bereichsinterne PPS" sowie "Planzeitermittlung" in den meisten Fällen nicht notwendig. Außerdem ist die Arbeitsplanung in der Regel ein Gemeinkostenbereich, so daß ebenfalls kaum Anwendungen für den Verwendungsbereich "Kostenrechnung" vorzufinden sind.

5.5.3 Darstellung von Grundformen der BDE je Produktions- und Verwendungsbereich und Interpretation

(1) Bereichsinterne PPS (Konstruktion):

Hier setzen neun Betriebe eine EDV-Unterstützung bei der Erfassung von Betriebsdaten ein (vgl. Abbildung A4-1). Es ergibt sich eine Grundform, die sich folgendermaßen charakterisieren läßt (vgl. Abbildung A4-2):

Die Mitarbeiter füllen an ihrem Arbeitsplatz mit täglicher Erfassungsfrequenz einen neutralen Beleg aus. In Form einer Sammelerfassung wird kapazitätsstellenbezogen der Aufwand je Auftrag eingetragen, teilweise detailliert nach einzelnen Bearbeitungsschritten. Eine Korrektur der vorgegebenen Plandaten ist im allgemeinen nicht möglich.

Im Rahmen der EDV-unterstützten BDE erfolgt die Erfassung grundsätzlich durch spezielles Erfassungspersonal, entweder direkt in der Konstruktionsabteilung oder in einer anderen Abteilung. Die Betriebsdaten werden in der Regel von einem Beleg aus ohne Eingabeunterstützung eingegeben. Die Erfassungsfrequenz ist wöchentlich bzw. monatlich.

Zusammenhänge zwischen dem Detaillierungsgrad des Bearbeitungsfortschritts und der Erfassungsfrequenz der EDV-unterstützten BDE sowie zwischen den Merkmalsausprägungen der Organisation und betrieblichen Merkmalen sind nicht erkennbar.

(2) Bereichsübergreifende PPS (Konstruktion):

Eine bereichsübergreifende PPS in der Konstruktion wird bei vierzehn Betrieben durchgeführt (vgl. Abbildung A4-3). Hier lassen sich zwei Grundformen der BDE erkennen, die in Abbildung A4-4 durch unterschiedliche Schraffur gekennzeichnet sind:

Die erste zeichnet sich dadurch aus, daß keine belegorientierte BDE durchgeführt wird. Im Rahmen der EDV-unterstützten BDE erfolgt die Erfassung durch spezielles Erfassungspersonal, die nachfolgende Stelle oder durch Bereitstellung der Betriebsdaten von einem anderen Verwendungsbereich. Der Erfassungsort ist in der Regel eine andere Abteilung und die Erfassungstechnik hauptsächlich manuelle Eingabe aufgrund von Arbeitsunterlagen, sowie vereinzelt Direkteingabe, Eingabe aufgrund einer EDV-Liste und Rechner- bzw. Programmkopplung. Die Erfassungsfrequenz ist vorwiegend ereignisorientiert.

Die zweite Grundform beschreibt die Gruppe der Betriebe, die eine belegorientierte BDE durchführen. Dies erfolgt vorzugsweise durch ereignisorientiertes Ausfüllen eines neutralen oder vorbereiteten Belegs vom Mitarbeiter am Arbeitsplatz. Die EDV-unterstützte BDE der zweiten Grundform erfolgt grundsätzlich durch spezielles Erfassungspersonal, das die Betriebsdaten entweder zentral in der Konstruktionsabteilung oder in einer anderen Abteilung eingibt. Die Erfassungstechnik ist die manuelle Eingabe der Belege ohne Eingabeunterstützung, die vorwiegend ebenfalls ereignisorientiert durchgeführt wird.

Beiden Grundformen gemeinsam ist der hohe Anteil an Einzelerfassung von Terminen ohne Korrekturmöglichkeiten, die vorwiegend auf der Basis der gesamten Bearbeitungsaufgabe der Abteilung sowie des gesamten Auftrages erfolgt.

Diese Gemeinsamkeit der beiden Grundformen der bereichsübergreifenden PPS bildet auch gleichzeitig den herausragenden Unterschied zur bereichsinternen PPS. Dort wurde in meist täglichen Perioden der Aufwand je Auftrag erfaßt, während hier ereignisorientiert (End-)Termine gemeldet werden. Ebenfalls ist der Detaillierungsgrad des Bearbeitungsfortschritts, wie zu erwarten war, in der bereichsinternen PPS im allgemeinen größer als in der bereichsübergreifenden PPS.

In den Merkmalen Erfassungs-Schnittstelle, -ort sowie -technik stimmen die zweite Grundform der bereichsübergreifenden PPS sowie die Grundform der bereichsinternen PPS weitgehend überein.

(3) Planzeitermittlung (Konstruktion)

Eine Planzeitermittlung in der Konstruktion führen nur fünf der untersuchten zwanzig Betriebe durch (vgl. Abbildung A4-5). Hierbei lassen sich leicht zwei Grundformen wie im vorausgegangenen Fall der bereichsübergreifenden PPS herausstellen (vgl. Abbildung A4-6).

Die erste Grundform besitzt wiederum keine belegorientierte BDE. Die zu dieser Grundform gehörenden Betriebe weisen in allen Merkmalen die gleichen Ausprägungen auf, die im Bereich der Merkmale 6 bis 9 auch weitgehend mit denen der zweiten Grundform übereinstimmen. Die Erfassungsart der ersten Grundform ist eine auftragsbezogene Sammelerfassung. Im Bereich der EDV-unterstützten BDE greifen die Betriebe auf Daten aus einem anderen Verwendungsbereich zurück. Der Erfassungsort ist somit eine andere Abteilung (z.B. PPS) aus der die Daten per Rechner- bzw. Programmkopplung bedarfsweise zur Planzeitermittlung übertragen werden.

Die zweite Grundform erfaßt ihre Betriebsdaten auf neutralen Belegen, die vom Mitarbeiter am Arbeitsplatz ausgefüllt werden. Aus Genauigkeitsgründen erfolgt die belegorientierte Erfassung hier auch in der Regel täglich (einmal auch wöchentlich). Die Erfassungsart ist im allgemeinen die Sammelerfassung mit Ausnahme eines Betriebes, der die bereits für die PPS benötigten Belege, die ereignisorientiert ausgefüllt und erfaßt wurden, für die Planzeitermittlung weiterverwendet.

Für beide Grundformen gleich ist die Aufschreibung des Ist-Aufwands, wobei eine Korrekturmöglichkeit hier nicht erfolgt und auch nicht notwendig ist. Der Aufwand wird entsprechend der Planung in den Betrieben schwerpunktmäßig für jeden einzelnen Bearbeitungsschritt genau erfaßt.

Im Bereich der EDV-unterstützten BDE wird für die zweite Grundform immer spezielles Erfassungspersonal eingesetzt. Der Erfassungsort kann dabei sowohl der zentrale Platz in der Konstruktion wie auch in einer anderen Abteilung sein. Die Eingabe der Belege erfolgt in allen Fällen ohne Eingabeunterstützung. Allerdings variiert die Erfassungsfrequenz hier stark zwischen täglich und monatlich.

Im Vergleich zu den Grundformen der BDE für die PPS ist festzustellen, daß die Erfassungsfrequenz für die Planzeitermittlung im allgemeinen geringer ist. Dies erklärt sich aus der Tatsache, daß die Planzeitermittlung keine zeitkritische Funktion ist, die im Sinne der PPS auf das Betriebsgeschehen einwirken muß, sondern sie stellt Planzeiten für zukünftige Projekte bzw. Aufträge bereit. Der BDE kommt die Aufgabe zu, die Ist-Situation möglichst genau aufzunehmen. Aus diesem Grunde ist die Erfassungsfrequenz der belegorientierten Vorerfassung sowie der Detaillierungsgrad des Bearbeitungsfortschritts relativ hoch. Die hohe Varianz in der Erfassungsfrequenz der EDV-unterstützten BDE, die bis zu "monatlich" und sogar "bedarfsweise" reicht, zeigt aber, daß die Anforderungen der Betriebe an die Auswertung dieser Daten nicht von der zeitlichen Dringlichkeit bestimmt sind.

Desweiteren ist festzustellen, daß hier im Vergleich zur bereichsübergreifenden PPS der Zeitaufwand und keine Termine erfaßt werden. Eine Erfassung von Korrekturen der Planvorgaben wird nicht durchgeführt. Dies ist prinzipiell auch nicht notwendig, da die benötigten Ist-Zeiten erfaßt werden und somit auch Abweichungen von den Planzeiten mit in die neue Ermittlung einbezogen werden.

(4) Kostenrechnung (Konstruktion):

Elf der untersuchten Betriebe führen eine EDV-unterstützte BDE für die Kostenrechnung in der Konstruktion durch (vgl. Abbildung A4-7). Auch hier ergeben sich wieder zwei Grundformen (vgl.Abbildung A4-8). Es ist jedoch hervorstechend, daß die meisten Betriebe einen eigenen Beleg für die Kostenrechnung verwenden. Dies liegt häufig daran, daß dieser Beleg schon vor der Einführung eines Planungs- und Steuerungssystems existierte und nie abgeschafft wurde.

Die belegorientierte BDE (82%) erfolgt grundsätzlich durch Ausfüllen eines neutralen Belegs vom Mitarbeiter am Arbeitsplatz. Die Erfassungsfrequenz schwankt stark von monatlich bis ereignisorientiert, es läßt sich aber aus Genauigkeitsgründen ein Trend zur täglichen bzw. wöchentlichen Erfassung feststellen. Die Erfassung erfolgt überwiegend als kapazitätsstellenbezogene Sammelerfassung des geleisteten Zeitaufwandes. Auch hier steht wie bei der Planzeitermittlung die nachträgliche Ist-

Datenerfassung im Vordergrund, so daß keine Korrekturen der Planvorgaben
an die Kostenrechnung gemeldet werden. Häufig wird die Bearbeitungsaufgabe als Ganzes zurückgemeldet, vereinzelt, vor allem bei länger an-
dauernden Projekten, erfolgt aber auch eine detailliertere Rückmeldung
einzelner Bearbeitungsschritte.

Im Bereich der EDV-unterstützten BDE ergibt sich bei allen Betrieben
dieser Gruppe eine hohe Übereinstimmung: Die Betriebsdaten werden von
speziellem Erfassungspersonal in einer anderen Abteilung durch manuelle
Eingabe der Belege ohne Eingabeunterstützung erfaßt. Die Erfassungsfrequenz ist monatlich (78%) oder dekadisch (22%).

Die zweite Grundform entspricht weitgehend der BDE ohne belegorientierte
Vorerfassung, wie sie bei der Planzeitermittlung bereits beschrieben
wurde. Die Daten werden als objektbezogene Sammelerfassung von einem
anderen Betriebsdatenverwendungsbereich (PPS) erfaßt. Die Erfasssung
erfolgt durch Rechner- bzw. Programmkopplung und wird bei beiden Betrieben monatlich durchgeführt.

Im Prinzip sind bei der Kostenrechnung die gleichen Grundformen vorzufinden wie bei der Planzeitermittlung. Jedoch ist hier die Anzahl der
Betriebe, auf die sich die Auswertung stützt, mehr als doppelt so groß.
Im Gegensatz zur Planzeitermittlung variiert die Erfassungsfrequenz der
belegorientierten BDE bei der Kostenrechnung erheblich mehr, jedoch ist
demgegenüber die Erfassungsfrequenz der EDV-unterstützten BDE wesentlich
stabiler.

Insgesamt kann festgestellt werden, daß in beiden Funktionen Änderungen
von Planungsgrößen grundsätzlich nicht weitergeleitet werden. Dies liegt
eventuell daran, daß die hier praktizierte Ist-Aufschreibung einen doku-
mentarischen Charakter hat, während die Meldung von Änderungen mehr zu
einem steuernden Charakter führen könnte und einen zweiten BDE-Pfad
benötigen würde.

(5) bereichsinterne PPS (Arbeitsplanung):

Eine bereichsinterne PPS in der Arbeitsplanung führen nur drei Betriebe
durch (vgl. Abbildung A4-9), wobei sich aber kaum Gemeinsamkeiten bei

der organisatorischen Gestaltung der BDE erkennen lassen, so daß auf eine Bildung von Grundformen hier verzichtet werden muß.

(6) bereichsübergreifende PPS (Arbeitsplanung):

Im Gegensatz zu den anderen Verwendungsbereichen von Betriebsdaten aus der Arbeitsplanung ist der Anteil der Betriebe, die ein System zur bereichsübergreifenden PPS einsetzen, mit zehn Betrieben relativ hoch und vergleichbar den Einsatzzahlen in der Konstruktion (vgl. Abbildung A4-10). Dies ist auch leicht einzusehen, da die bereichsübergreifenden PPS-Systeme ja Daten aus allen Produktionsbereichen zur Verfolgung der Aufträge benötigen. Die Organisation der BDE ist daher häufig auch aus anderen Bereichen übernommen worden, was ein Vergleich der Abbildungen A4-4 und A4-10 bzw. A4-5 und A4-11 erkennen läßt. Die Hauptprofile der organisatorischen Gestaltung der BDE in Konstruktion und Arbeitsplanung stimmen hier weitgehend überein. Die meisten Betriebe (70%) zeichnen sich durch eine EDV-unterstützte BDE ohne belegorientierte Vorerfassung aus. Auch hier steht die terminbezogene Einzelerfassung im Vordergrund, häufig ohne Korrekturmöglichkeit und im wesentlichen auf die gesamte Bearbeitungsaufgae sowie auf den Gesamtauftrag bezogen. Die Erfassung erfolgt im allgemeinen durch spezielles Erfassungspersonal an einem zentralen Platz in der Arbeitsplanung oder in einer anderen Abteilung. Bei der Erfassungstechnik reichen die Varianten von der Direkteingabe und der Eingabe aufgrund von Arbeitsunterlagen mit und ohne Eingabeunterstützung bis hin zur Rechner- bzw. Programmkopplung. Bei der Erfassungsfrequenz ist wiederum ein Schwerpunkt bei der ereignisorientierten Erfassung zu erkennen.

Neben der rein EDV-unterstützten Erfassung tritt noch als zweite Grundform die Erfassung mit belegorientierter Vorerfassung auf. Hier erfolgt die BDE durch den Mitarbeiter, der am Arbeitsplatz einen neutralen oder auch vorbereiteten Beleg ausfüllt. Die Erfassungsfrequenz der belegorientierten Erfassung ist ereignisorientiert oder täglich. Bei der EDV-unterstützten BDE werden die Belege manuell ohne Eingabeunterstützung von einem speziellen Erfassungspersonal eingegeben.

Die Erfassungsfrequenz ist durchweg hoch: schwerpunktmäßig ereignisorientiert, sowie einmal wöchentlich und auch dekadisch.

<u>(7) Planzeitermittlung (Arbeitsplanung):</u>

Für den Verwendungsbereich Planzeitermittlung wurden bei keinem der untersuchten Betriebe Betriebsdaten in der Arbeitsplanung erfaßt.

<u>(8) Kostenrechnung (Arbeitsplanung):</u>

Betriebsdaten für die Kostenrechnung erfaßt nur ein Betrieb in der Arbeitsplanung. Abbildung A4-12 zeigt die organisatorische Gestaltung der BDE für diesen Verwendungsbereich. Die Organisation ist in gleicher Form von der in der Konstruktion des Betriebes übernommen worden.

Das Fehlen einer derartigen Organisation bei den anderen Betrieben ist darauf zurückzuführen, daß die in der Arbeitsplanung entstehenden Kosten im allgemeinen im Vergleich zur Konstruktion oder den folgenden Bereichen Fertigung und Montage gering sind und eine Betrachtung der Arbeitsplanung als Gemeinkostenbereich nach Ansicht der Betriebe rechtfertigt.

5.6 Zusammenhang zwischen BDE-Organisation und betrieblichen Merkmalen

Die Analyse der Organisationstypen und Grundformen der BDE hinsichtlich ihrer betriebsübergreifenden Gültigkeit für Unternehmen mit bestimmten, übereinstimmenden betrieblichen Merkmalen läßt keine Differenzierung zu. Hinter identischen Typen und Grundformen der BDE stehen Betriebe mit den unterschiedlichsten Ausprägungen betrieblicher Merkmale. Ein Zusammenhang zwischen bestimmten betrieblichen Merkmalen und organisatorischen Merkmalen läßt sich daher nicht nachweisen.

Die Ursachen für das Fehlen solcher Zusammenhänge ließen sich teilweise in den Interviews mit den verantwortlichen Mitarbeitern in den Betrieben ermitteln:

(1) Die Unternehmen setzen häufig eine solche BDE-Organisation ein, die ihnen bereits aus anderen Produktionsbereichen, in der Regel der Fertigung, bekannt ist. Eingehende Untersuchungen der Belange der der Fertigung vorgelagerten Bereiche wurden aus Aufwandsgründen oder

auch unternehmenspolitischen Gründen wie z.B. einer einheitlichen Organisation des Rückmeldewesens, nicht durchgeführt.

Außerdem sind vielen Betrieben außer ihrer eigenen BDE-Organisation kaum weitere bekannt, so daß eine Vergleichs- und Bewertungsmöglichkeit der eigenen BDE-Organisation oft fehlt.

(2) Der Einsatz eines Systems zur EDV-unterstützten BDE für einen der hier betrachteten Verwendungsbereiche hängt häufig vom Engagement und Durchsetzungsvermögen einzelner Bereiche bzw. deren Leiter sowohl gegenüber übergeordneten Stellen wie auch gegenüber den eigenen Mitarbeitern in der Abteilung ab.

Vor allem die Eigeninitiative der Konstruktionsabteilungen führte häufig zu Insellösungen, insbesondere für die bereichsinterne PPS.

6. Anforderungen an die organisatorische Gestaltung der Betriebsdatenerfassung in Konstruktion und Arbeitsplanung

Im Rahmen der Feldstudie wurden in den Betrieben auch Anforderungen an die Gestaltung der BDE in Konstruktion und Arbeitsplanung erhoben und diskutiert. Hierauf aufbauend werden in diesem Kapitel entsprechende Anforderungsprofile systematisch zusammengestellt.

Der dazu angewandten Vorgehensweise (siehe Abbildung 6-1) liegt die Überlegung zugrunde, daß die Verwendungsbereiche der Betriebsdaten bestimmte "Qualitätsstandards" von den Daten erwarten. Diese Qualitätsstandards lassen sich, wie gezeigt werden wird, durch die Begriffe Aktualität, Fehlerfreiheit und Detailliertheit beschreiben. Es liegt nahe zu beschreiben, welchen Grad an Aktualität, Fehlerfreiheit und Detailliertheit die Verwendungsbereiche aufgrund ihrer spezifischen Aufgaben von den Betriebsdaten fordern.

Im nächsten Schritt kann dann untersucht werden, welchen Einfluß die unterschiedlichen Ausprägungen der organisatorischen Gestaltungsmerkmale der BDE auf die Eigenschaften der Betriebsdaten ausüben.

Hierauf aufbauend kann eine Ableitung der Anforderungen an die Gestaltung der BDE in Konstruktion und Arbeitsplanung erfolgen, indem getrennt für die einzelnen Produktions- und Verwendungsbereiche von den geforderten Qualitätsstandards der Betriebsdaten die adäquaten Ausprägungen der organisatorischen Gestaltungsmerkmale abgeleitet werden.

Im folgenden werden die Vorgehensweise und die Randbedingungen bei der Ermittlung der Anforderungen beschrieben; die Ergebnisse sind in grafisch aufbereiteter Form im Anhang 5 dokumentiert. Zur detaillierten Beschreibung der Ableitung der Anforderungen selbst sei auf VIRNICH (1986) verwiesen.

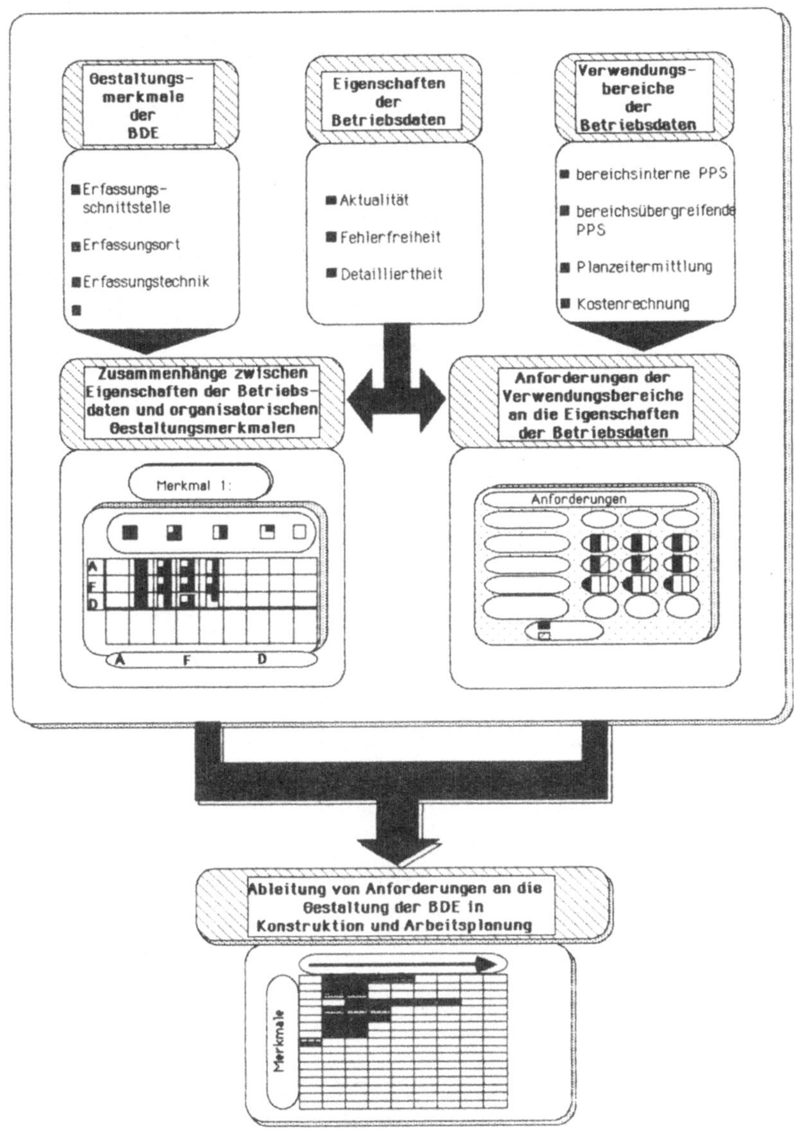

Abb. 6-1: Vorgehensweise zur Ermittlung der Anforderungen an die organisatorische Gestaltung der BDE in Konstruktion und Arbeitsplanung

6.1 <u>Merkmale zur Beschreibung der Qualität erfaßter Betriebsdaten</u>

Im folgenden sollen zunächst geeignete Größen zur Beschreibung der Qualität erfaßter Betriebsdaten abgeleitet werden.

SCHOMBURG stellt bezüglich der Durchführung der BDE fest:

"Der Nutzen aus dem Einsatz der Betriebsdatenerfassung ...hängt entscheidend davon ab, ob es einem Betrieb gelingt, die erforderlichen Daten aus dem Arbeitsprozeß

- aktuell
- sicher
- vollständig

zu erfassen." (SCHOMBURG 1985, S.5)

Den hier ausgesprochenen Anforderungen an die Durchführung des Erfassungsvorgangs wird nach SCHOMBURG durch bestimmte Eigenschaften des benutzten EDV-Systems entsprochen, und zwar durch eine Echtzeit-Verarbeitung der eingegebenen Betriebsdaten zur Sicherung ihrer Aktualität und die ebenfalls sofortige Durchführung von Format- und Plausibilitätskontrollen zur Gewährleistung der Sicherheit und Vollständigkeit der Datenerfassung.

Aus den oben angeführten Forderungen an den Erfassungsvorgang lassen sich unmittelbar Beschreibungsgrößen für die Qualität der erfaßten Betriebsdaten ableiten (siehe Abbildung 6.1-1, linker Teil), die über die o.a. EDV-technischen Aspekte hinaus generell durch die organisatorische Gestaltung der BDE beeinflußt wird.

Dem o.a. absoluten Begriff der "Aktualität" bei der Durchführung des Erfassungsvorgangs im Sinne von ereignisorientierter Erfassung und sofortiger Verarbeitung entspricht ein relativer Begriff der Aktualität als Eigenschaft erfaßter Betriebsdaten. Damit ausreichend aktuelle Betriebsdaten vorliegen, ist die Einhaltung eines bestimmten Aktualitätsniveaus erforderlich. Da die BDE zur Erfassung des Zustands und von Veränderungen des betrieblichen Geschehens dient, definiert sich die

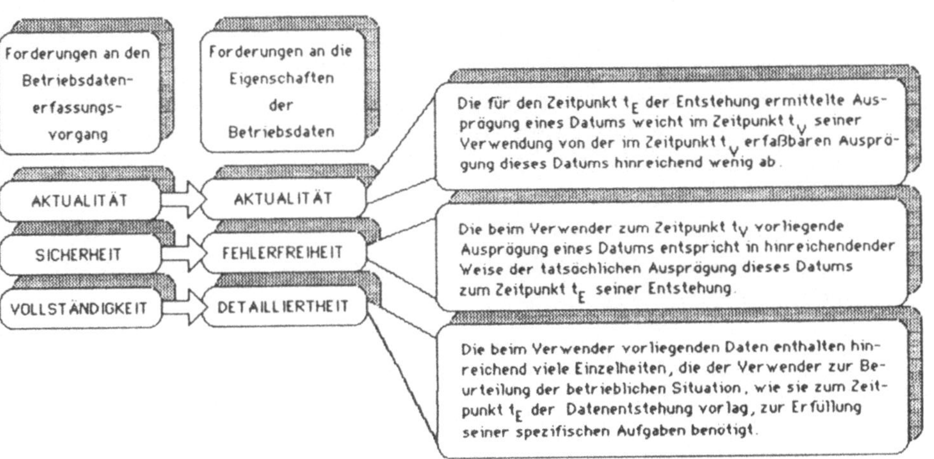

Abb. 6.1-1: Forderungen an den Erfassungsvorgang und die Eigenschaften der Betriebsdaten

Aktualität relativ zu der Schnelligkeit der Zustandsänderungen. Die einem bestimmten, geforderten Aktualitätsniveau entsprechende zulässige Zeitspanne zwischen Datenentstehung und -verwendung ist somit ebenfalls von der Schnelligkeit der Zustandsänderungen abhängig. Dieser Sachverhalt wird im folgenden noch näher ausgeführt.

Der Begriff der "Sicherheit" beim Erfassungsvorgang beschreibt den Grad der Verläßlichkeit gegen Falscheingaben. Eine entsprechende Forderung an die Qualität der Betriebsdaten ist ihre Fehlerfreiheit. Der Vollständigkeit der Erfassung schließlich entspricht eine anforderungsgerechte Detailliertheit erfaßter Daten.

Eine genaue Definition der für die folgenden Betrachtungen zugrunde gelegten Begriffe Aktualität, Fehlerfreiheit und Detailliertheit geht aus Abbildung 6.1-1 (rechter Teil) hervor.

Um Auswirkungen der organisatorischen Gestaltung auf die drei Betriebsdateneigenschaften beschreiben zu können, ist es notwendig, die Begriffe als voneinander unabhängig und damit so zu definieren, daß bei Verände-

rung der Qualität einer Eigenschaft die Qualitäten der anderen nicht
beeinflußt werden. Die Verringerung der Aktualität eines Betriebsdatums
z.B. darf nicht dessen Fehlerfreiheit oder Detailliertheit beeinflussen.
Am einfachsten lassen sich die folgenden Begriffsdefinitionen verdeutlichen, wenn man den betrieblichen Ablauf als einen technisch-organisato-
rischen Prozeß auffaßt, über dessen Zustand laufend Daten erfaßt und
weitergeleitet werden.

Die Aktualität als Eigenschaft der Betriebsdaten wird daran gemessen,
wie aussagekräftig die erfaßten Daten zum Verwendungszeitpunkt bezüglich
der betrieblichen Situation sind, wie sie zu diesem Zeitpunkt vorliegt.
Anders ausgedrückt richtet sich die Qualität der Aktualität danach, wie
genau durch Daten der Vergangenheit die betriebliche Situation der Ge-
genwart abgebildet wird.

Der relative Aspekt der Aktualität wird in Abbildung 6.1-2 verdeutlicht.
Versteht man unter P(tv) die Prozeßsituation zum Zeitpunkt der Datenver-
wendung und unter P(te) die Prozeßsituation zum Zeitpunkt der Datenentstehung, so erlaubt ein vorgegebener zulässiger Informationsfehler
bezüglich der aktuellen betrieblichen Situation dP = P(tv) - P(te)
unterschiedliche Zeitspannen dt zwischen dem Zeitpunkt der Datenverwen-
dung tv und dem Zeitpunkt der Datenentstehung te in Abhängigkeit von der

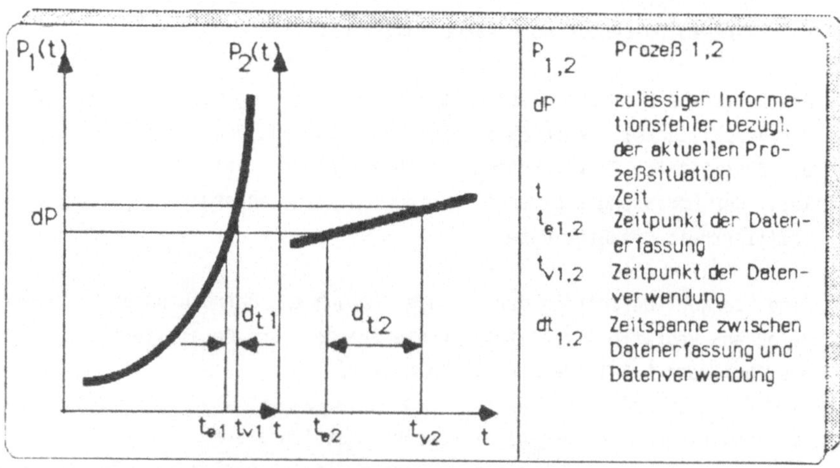

Abb. 6.1-2: Zur Relativität des Aktualitätsbegriffs

Schnelligkeit der Änderung der Prozeßsituation. Die Aktualität ist also eine relative Größe: Obwohl dt1 ungleich dt2 ist, ist die Aktualität in beiden Fällen gleich groß.

Es sei nochmals darauf hingewiesen, daß durch diese Definition die Aktualität von Fehlerfreiheit und Detailliertheit der Betriebsdaten entkoppelt ist. Dieses Ziel der inhaltlichen Entkopplung findet ich auch bei dem Begriff der Fehlerfreiheit wieder. Daten sind fehlerfrei, wenn zum Zeitpunkt der Erfassung kein Fehler gemacht und die Ist-Situation korrekt erfaßt wurde. Keine Rolle spielt dabei, ob die Daten mittlerweile wegen geringer Aktualität veraltet sind oder die Prozeßsituation aufgrund mangelhafter Detailliertheit des Datenmaterials falsch interpretiert wird.

Sowohl der Begriff der Aktualität als auch die Eigenschaft Fehlerfreiheit können auf jedes betriebliche Datum einzeln bezogen werden. Die Forderung nach Detailliertheit der Daten stellt hingegen das Zusammenwirken der einzelnen Daten in den Vordergrund. Erfaßte Daten gelten als detailliert, wenn der Verwender durch sie ausreichend Informationen erhält, um die für ihn relevanten Aspekte der Prozeßsituation erkennen zu können. Diese relevanten Aspekte können für Steuerungszwecke andere sein als z.B. für die Kostenrechnung.

Welchen Grad an Aktualität, Fehlerfreiheit und Detailliertheit die erfaßten Betriebsdaten aufweisen, hängt in hohem Maße von der organisatorischen Gestaltung der Betriebsdatenerfassung ab.

6.2 Ableitung der Anforderungen der Verwendungsbereiche an die Eigenschaften der Betriebsdaten

Die Ableitung der Anforderungen der Verwendungsbereiche an die Eigenschaften der Betriebsdaten verlangt nach einer geeigneten Skalierung von unterschiedlichen Anforderungsstufen. Diese Anforderungsstufen entsprechen gleichzeitig den möglichen Erfüllungsgraden hinsichtlich Aktualität, Fehlerfreiheit und Detailliertheit der erfaßten Betriebsdaten aufgrund der organisatorischen Gestaltung der BDE.

Für den vorliegenden Betrachtungszweck wird eine vierstufige Skalierung der Anforderungen bzw. Erfüllungsgrade gewählt, da sie einerseits fein genug ist, um wesentliche Unterschiede auszudrücken, andererseits grob genug, um noch handhabbar zu sein. Stufe "1" entspricht dabei der höchsten Anforderung bzw. Erfüllung, Stufe "4" der niedrigsten. Die Anforderungen, welche die Aufgaben der Verwendungsbereiche an Aktualität Fehlerfreiheit und Detailliertheit der Betriebsdaten stellen, lassen sich somit relativ zueinander einordnen. Abbildung 6.2-1 zeigt hierfür ein Beispiel. Die Aufgaben der Verwendungsbereiche "bereichsinterne PPS" und "bereichsübergreifende PPS" wurden für den vorliegenden Zweck noch in die Teilaufgaben "Terminplanung", "Kapazitätsplanung" und "Steuerung" untergliedert.

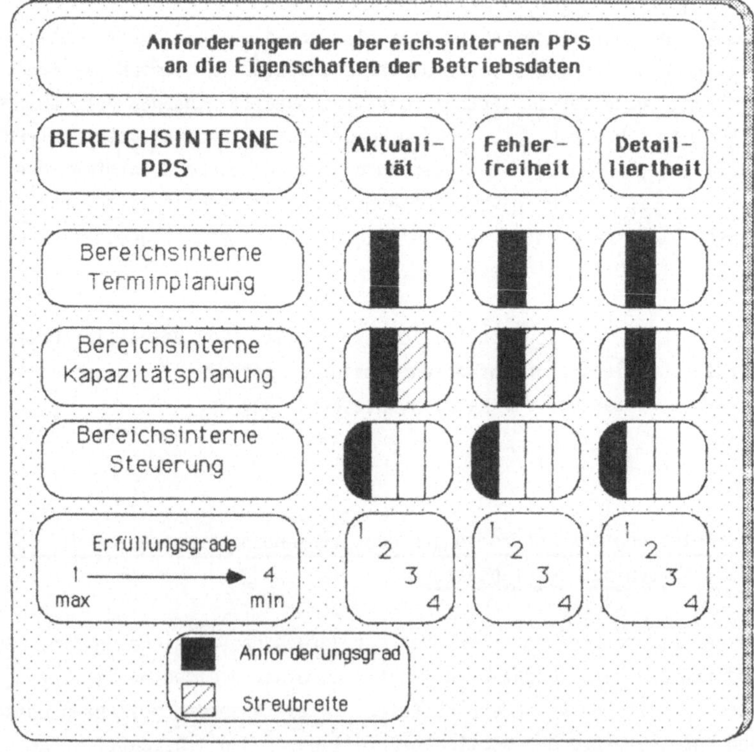

Abb. 6.2-1: Beispiel für die Anforderungen eines Verwendungsbereichs an die Eigenschaften der Betriebsdaten

6.3 Die Abhängigkeit der Eigenschaften der Betriebsdaten von den Gestaltungsmerkmalen der BDE

Nach der gleichen vierstufigen Skalierung wie bei der Ableitung der Anforderungen der Verwendungsbereiche an die Eigenschaften der Betriebsdaten wird die Abhängigkeit der Dateneigenschaften von den Gestaltungsmerkmalen der BDE betrachtet und dargestellt (siehe Beispiel in Abbildung 6.3-1). Dabei werden grundsätzliche Abhängigkeiten veranschaulicht, die nicht immer in dieser Weise vorliegen müssen, aufgrund spezifischer betrieblicher Situationen können hier durchaus Verschiebungen auftreten.

Die bei allen dreizehn produktions- und verwendungsbereichsbezogenen Merkmalen mögliche Ausprägung "keine Erfassung" stellt keine zu diskutierende Aussage dar und wird daher nicht weiter betrachtet.

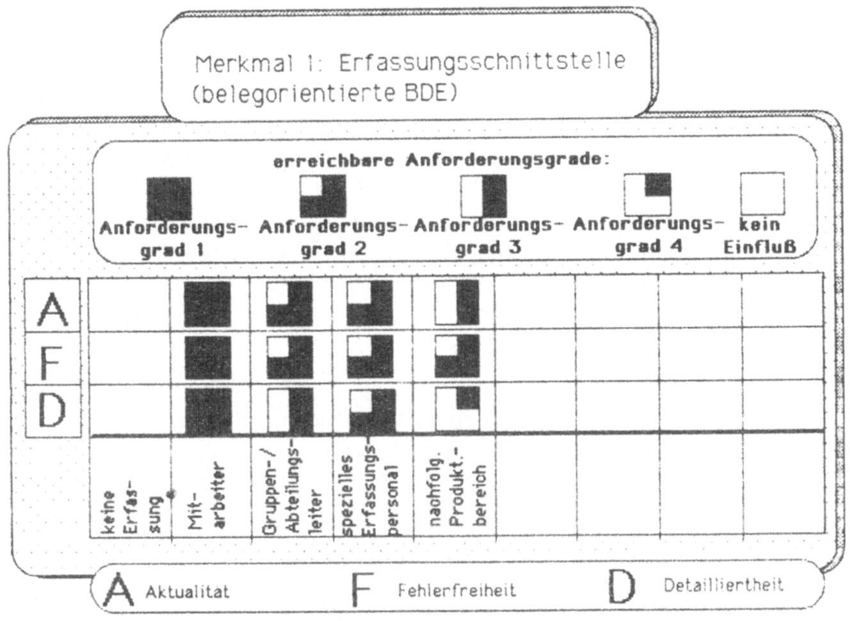

Abb. 6.3-1: Beispiel für die Abhängigkeit der Eigenschaften der Betriebsdaten von den Gestaltungsmerkmalen der BDE

Die Merkmale 10 bis 13 beschreiben die EDV-unterstützte Betriebsdatenerfassung und entsprechen grundsätzlich den ersten vier Merkmalen,
weichen aber in den möglichen Ausprägungen teilweise von diesen ab. Hier
muß nun unterschieden werden, ob diese EDV-unterstützte Datenerfassung
als Ersterfassung, also ohne vorausgehende belegorientierte Erfassung
durchgeführt wird (Merkmal 10-I bis 13-I), oder ob bereits eine belegorientierte Vorerfassung der Daten erfolgte (Merkmal 10-II bis 13-II).

6.4 Ableitung der Anforderungen an die BDE

Zur Ableitung der Anforderungen an die BDE wird jede Kombination aus
Produktionsbereich und Verwendungsbereich getrennt untersucht. Bei zwei
Produktionsbereichen, die hier genauer betrachtet wurden und vier Verwendungsbereichen ergeben sich somit Aussagen bezüglich acht verschiedener BDE-Organisationen, z.B. eine für die Datenerfassung in der Konstruktion zum Zwecke der bereichsinternen Planung und Steuerung oder
eine BDE-Organisation zur Datenerfassung in der Arbeitsplanung zum Zweck
der Kostenrechnung. In der betrieblichen Praxis werden diese Organisationsformen kaum einzeln vorkommen. Eine Betriebsdatenerfassungsorgani-
sation, wie sie von der Praxis benötigt wird, umfaßt i.d.R. mehrere
Produktionsbereiche und mehr als einen Datenverwendungsbereich. Die
Anforderungen an eine solche Organisation lassen sich durch "Überlage-
rung" der Anforderungen an die einzelnen "Teil-"Organisationen ermitteln; relevant ist jeweils die schärfste Forderung an ein Gestaltungs-
merkmal.

Die Anforderungen an die einzelnen "Teil-"Organisationen werden in der
folgenden Weise abgeleitet (vgl.Abb. 6.4-1):

Getrennt für jede einzelne Aufgabe eines jeden Betriebsdatenverwendungs-
bereichs wird untersucht, welche Ausprägungen der einzelnen Merkmale ein
Aktualitäts-, Fehlerfreiheits- und Detailliertheitsniveau in mehr als
oder mindestens der Höhe ermöglichen, in der es von der betreffenden
Aufgabe des Verwendungsbereiches benötigt wird.

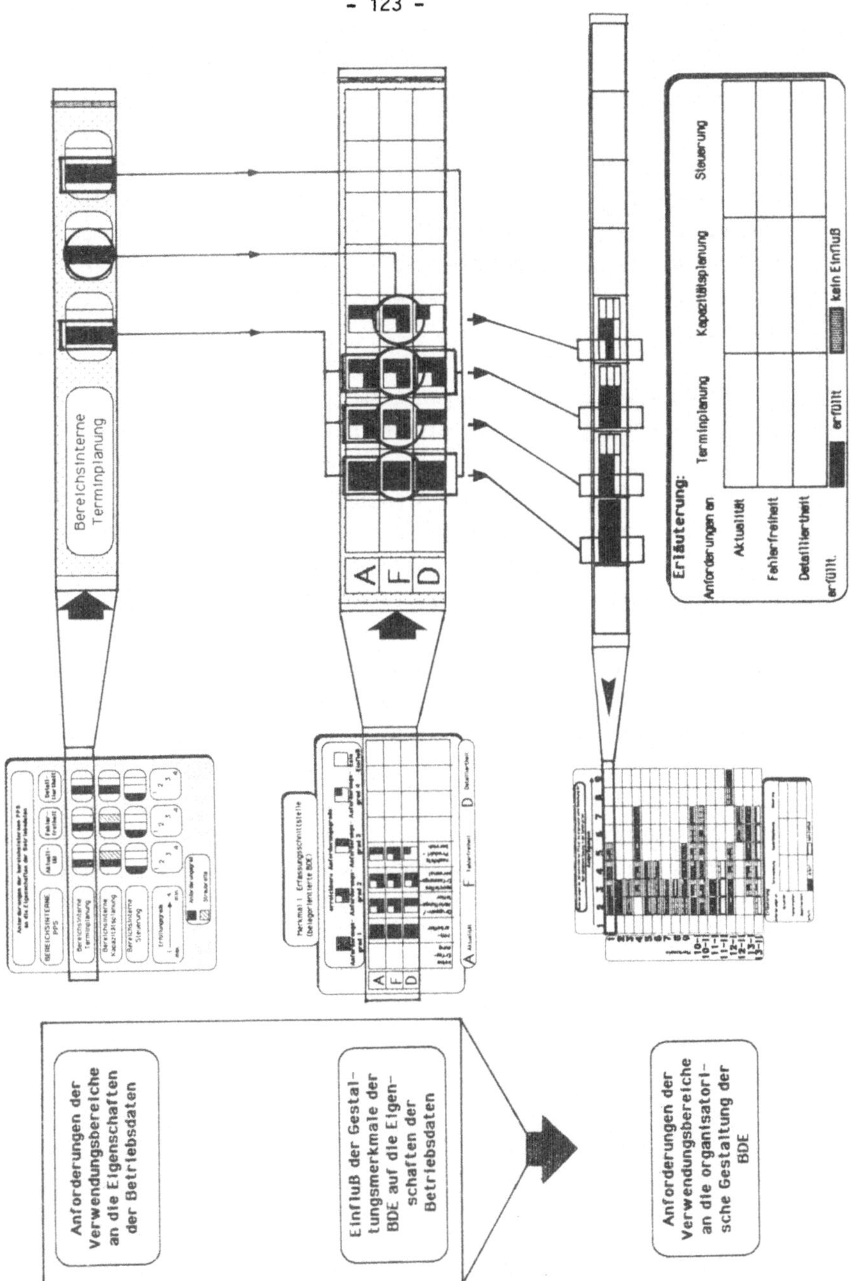

Abb. 6.4-1: Vorgehensweise zur Ableitung der Anforderungen der Verwendungsbereiche an die Eigenschaften der Betriebsdaten

Bei bereichsinterner und bereichsübergreifender PPS sind dabei je drei Aufgaben zu betrachten, während Planzeitermittlung und Kostenrechnung für die vorliegende Untersuchung nicht in weitere Teilaufgaben aufgegliedert wurden. Die Ausprägungen, die für jede Aufgabe eines Verwendungsbereiches bei Berücksichtigung des Datenerfassungsbereiches ein ausreichendes Niveau aller drei Dateneigenschaften bieten, sind als sinnvolle Gestaltungsausprägungen einer entsprechenden BDE-Organisation zu betrachten.

Die vierstufige Skalierung der drei Dateneigenschaften stellt eine relative Stufung dar und kann nicht direkt in absolute Werte transformiert werden. Die einzelnen Stufen sind relativ zueinander zu betrachten. Diese beschriebene Vorgehensweise kann jedoch zu absoluten Aussagen in der Form von Merkmalsausprägungen führen. Dieses Absolutsetzen wird möglich, wenn man die spezifischen Eigenschaften der Produktionsbereiche Konstruktion bzw. Arbeitsplanung in die Betrachtung einbezieht.

Grundsätzlich kann bei dieser Betrachtungsweise allerdings nur ermittelt werden, ob die Möglichkeit besteht, ein bestimmtes Eigenschaftsniveau der Betriebsdaten zu erreichen. Ob es tatsächlich erreicht wird, ist damit nicht garantiert, sondern hängt von der praktischen Ausgestaltung der Merkmalsausprägung ab. Z.B. bietet die Ausprägung "Mitarbeiter" des Merkmals "Erfassungsschnittstelle" die Möglichkeit, ein sehr hohes Aktualitätsniveau zu erreichen. Wenn der in der Praxis eingesetzte Mitarbeiter jedoch unzuverlässig ist, wird das Aktualitätspotential nicht ausgenutzt.

Die nach der oben beschriebenen Vorgehensweise abgeleiteten Ergebnisse sind in den Abbildungen A5-1 bis A5-8 des Anhangs A5 dargestellt.

7. <u>Defizitanalyse</u>

Im folgenden werden die wesentlichen Differenzen zwischen den vorgefundenen betrieblichen BDE-Lösungen in Konstruktion und Arbeitsplanung und den zugehörigen betrieblichen Anforderungen zusammengestellt.

Nach der Diskussion allgemeiner Schwachstellen wird eine spezifische Defizitanalyse vorgenommen, gegliedert nach den organisatorischen Gestaltungsmerkmalen der BDE, nach den beiden Produktionsbereichen Konstruktion und Arbeitsplanung und nach den Betriebsdaten-Verwendungsbereichen.

Generell ließ sich bei der Durchführung der Feldstudie ein reges Interesse an der Problemstellung "BDE in Konstruktion und Arbeitsplanung" verzeichnen, allerdings häufig verbunden mit einem mangelnden Bewußtsein dafür, daß im eigenen Unternehmen schon so etwas wie eine BDE-Organisation in diesen Bereichen existiert. "Wir machen nichts" war häufig zu hören, selbst wenn eine Stundenaufschreibung durchgeführt und in die EDV eingegeben wurde - in einem Fall sogar bei Einsatz eines bereichsinternen PPS-Systemes für die Konstruktion. Diese Äußerungen sind ein Symptom dafür, daß die vorhandene BDE-Organisation garnicht als solche wahrgenommen wird, häufig aus dem Grund, daß die übliche Stundenaufschreibung mehr oder weniger als lästige Pflichtübung angesehen wird, die aber keinerlei Rückwirkungen oder Konsequenzen auf die eigene Tätigkeit hat.

Insgesamt läßt sich feststellen, daß eine konsequente Nutzung der BDE in Konstruktion und Arbeitsplanung, mit erkennbaren Wirkungen in den betreffenden Bereichen, in der Tat noch wenig verbreitet ist. So nutzen von den gezielt angesprochenen dreißig Betrieben nur zwanzig eine EDV-unterstützte BDE für mindestens einen der vier Verwendungsbereiche.

Von diesen zwanzig führen neun eine bereichsinterne PPS in der Konstruktion, drei eine solche in der Arbeitsplanung und vierzehn eine bereichsübergreifende PPS durch. Fünf erfassen Betriebsdaten für die Ermittlung von Planzeiten in der Konstruktion, in der Arbeitsplanung keiner. Als Basis für die Kostenrechnung setzen elf Betriebe eine EDV-unterstützte BDE ein, alle elf für den Bereich Konstruktion und lediglich einer auch für die Arbeitsplanung.

Darüber hinaus läßt sich feststellen, daß es kaum abgestimmte Rahmenkonzepte für einen integrierten EDV-Einsatz und eine einheitliche BDE-Organisation für die verschiedenen Verwendungsbereiche gibt.

Eine Mehrfachverwendung einmal zu erfassender Daten wird in der Regel nicht genutzt, die eingesetzten EDV-Systeme sind häufig nicht miteinander gekoppelt (EDV-Inseln), und es ist dementsprechend eine Reihe von "Papierschnittstellen" anzutreffen. Dies gilt teilweise selbst für Aufgaben der bereichsübergreifenden PPS. Dabei sollte gerade die bereichsübergreifende PPS auf einem integrierten System implementiert sein, auf dem auch alle betroffenen Bereiche Information abrufen können.

Im folgenden wird die Defizitanalyse unter einer Reihe spezifischer Aspekte vertieft.

Gestaltungsmerkmale

Erfassungsschnittstelle (belegorientierte BDE)

Geeignetste Erfassungsschnittstelle ist grundsätzlich der Mitarbeiter selbst. Dies wird auch in der überwiegenden Zahl der Fälle so praktiziert. Als Nachteil erweist sich manchmal, daß die Rückmelde- bzw. Aufschreibemoral dann nicht kontrolliert wird. Dementsprechend ist eine hohe Akzeptanz seitens der Mitarbeiter notwendige Voraussetzung für eine hohe Qualität der erfaßten Daten.

Spezielles Erfassungspersonal ist sinnvoll für die bereichsübergreifende PPS, wenn es vor Ort mit dem Mitarbeiter bzw. Gruppen-/Abteilungsleiter Gespräche führt und dort Informationen einholt. Hier stößt auch der EDV-Einsatz auf seine Grenzen. Bloße Statusmeldungen reichen häufig nicht aus, sondern es gehört außer der bloßen, per EDV-System meist stark formalisierten und selektierten Information über den Auftragsstatus eine genaue Kenntnis des Betriebsgeschehens und viel Erfahrung dazu, die Aufgaben einer bereichsübergreifenden PPS abzuwickeln. Daher gehören auch informelle Kontakte und Gespräche zur bereichsübergreifenden PPS, um einen allgemeinen Erfahrungshintergrund zu schaffen. Dieser ist schwer strukturierbar und "auf EDV zu bringen". Häufig hilft schon ein

neutrales Feld zur Eingabe zusätzlicher Kommentare und verbaler Information, zusätzlich zu den formalisierten Rückmeldungen.

Erfassungsort (belegorientierte BDE)

Die Ausprägungen dieses Merkmals sind eng mit dem der Erfassungsschnittstelle verknüpft und bedürfen keines weiteren Kommentars.

Erfassungstechnik (belegorientierte BDE)

Es werden kaum vorbereitete Belege verwendet. Die Handaufschreibung zur
monatlichen Kostenrechnung ist auch kaum mit vorbereiteten (Sammel-)Be-
legen durchführbar, da über diesen relativ langen Zeitraum die zu bear-
beitenden Aufträge häufig nicht im vorhinein feststehen.

Aber bei verstärkter Einzelerfassung kann - und sollte auch - mit vorbereiteten Belegen gearbeitet werden; insbesondere im Hinblick auf die
spätere Eingabe in die EDV sollten dann auch konsequenterweise vorbereitete Belege mit einer maschinell lesbaren Codierung zur Eingabeunterstützung verwendet werden (siehe: Erfassungstechnik (EDV-unterstützte
BDE)).

Erfassungsfrequenz (belegorientierte BDE)

Entgegen den in der betrieblichen Praxis auch anzutreffenden Erfassungs-
frequenzen mit einer Periode größer als täglich, sollte allgemein eine
tägliche Erfassungsfrequenz angestrebt werden. Dies weniger aus Gründen
der Aktualität als vielmehr aus Gründen der Fehlerfreiheit. Damit gilt
diese Forderung gerade auch für die Verwendungsbereiche Planzeitermittlung und Kostenrechnung, insbesondere im Rahmen der Arbeitsplanung.

Wenn die Erfassungsfrequenz in das Belieben des Mitarbeiters gestellt
ist und z.B. nur am Monatsende ein ausgefüllter Beleg abgegeben werden
muß, hat diese Vorgehensweise meist mit "Betriebsdatenerfassung" nicht
viel gemein, sondern dient mehr oder weniger der formalen Erfüllung
einer bestehenden Regelung - deren Sinn und Nutzen allerdings bezweifelt
werden muß, da der Inhalt der Erfassung wenig realitätsgenau sein wird.

Eine Ausnahme stellen hier lediglich langdauernde Tätigkeiten an einem Rückmeldeobjekt dar.

Für Zwecke der bereichsübergreifenden PPS ist häufig die ereignisorientierte Rückmeldung anzutreffen. Um die Aktualität während der Bearbeitung selbst zu steigern ist hier aber zusätzlich eine periodische Rückmeldung des Bearbeitungsfortschrittes zu fordern. Die Erfassungsfrequenz sollte dabei in der Arbeitsplanung höher sein als in der Konstruktion.

Art der Erfassung

Es dominiert im Rahmen der BDE in Konstruktion und Arbeitsplanung die Sammelerfassung.

Die kapazitätsstellenbezogene Sammelerfassung genügt in der Regel den Anforderungen der Kostenrechnung und der Planzeitermittlung, aber nicht allen Anforderungen der PPS. Die objektbezogene Sammelerfassung kann den Anforderungen der PPS in der Regel nicht genügen.

Am ehesten genügt die Einzelerfassung allen Anforderungen. Sie läßt sich auch am besten mit der Ausgabe vorbereiteter Belege und maschinenlesbarer Codierung zur Eingabeunterstützung verbinden.

Inhalt der Erfassung

Für eine aussagekräftige PPS, sowohl bereichsintern als auch bereichsübergreifend, reicht eine Überwachung der Termine allein nicht aus, da diese keinen kontinuierlichen Auftragsfortschritt zwischen den rückmeldepflichigen Ereignissen (Auftrag bzw. Bearbeitungsschritt fertig) erkennen läßt und damit ebensowenig ein Ruhen der Arbeiten zu einem bestimmten Auftrag.

Anzutreffen ist häufig nur eine grob gerasterte Rückmeldung eingetretener Ereignisse. Ein frühzeitiges Erkennen und vorbeugendes Einleiten von Maßnahmen ist damit meist nicht möglich, es kann nur noch nachträglich reagiert werden.

Daher ist auch für Aufgaben der PPS eine Aufwandsrückmeldung zu fordern.

Bearbeitungsbegleitende Korrektur von Planungsgrößen

Aufgrund der starken Schwankungsbreite der Planungsgrößen und der Tatsache, daß sie häufig nicht wirklich geplant, sondern grob geschätzt werden, kommt der Möglichkeit einer bearbeitungsbegleitenden Korrektur der Planungsgrößen im Rahmen der BDE für die PPS eine hohe Bedeutung zu. Diese ist aber in der Praxis noch nicht in entsprechendem Umfang verbreitet und wird häufig bemängelt. Dies gilt insbesondere für die Konstruktion, weniger für die Arbeitsplanung. Dort sind die Arbeitsvorgänge kürzer, häufig werden sie auch garnicht geplant, so daß auch keine Korrektur möglich ist.

Eine Auftragsverfolgung ohne Korrekturmöglichkeit führt jeden organisatorischen Regelkreis ad absurdum, da er mit unrealistischen Führungsgrößen arbeitet.

Hier ist die BDE im Rahmen der PPS gefordert, auftragsbezogen Aufgaben der Planzeitermitttlung mit zu übernehmen, indem die Planungsgrößen iterativ dem Erkenntnisfortschritt und Konkretisierungsgrad angepaßt werden.

Aussagekräftige Informationen erhält man erst aus einer kombinierten Termin- und Aufwandskorrektur. Diese Möglichkeit stellt allerdings hohe Anforderungen an die Organisation der BDE und der hierzu eingesetzten EDV-Systeme.

Um zu erkennen, ob und wie Soll- und Ist-Entwicklung konvergieren, ist es notwendig, auch die Historie der Korrekturen nachvollziehbar festzuhalten.

Detaillierungsgrad des Bearbeitungsfortschritts

Mit dem Detaillierungsgrad des Bearbeitungsfortschritts wird eine der wichtigsten, aber gleichzeitig auch der kompliziertesten und mit den größten Defiziten behafteten Problemstellungen der BDE angesprochen.

Hier liegt das Dilemma vor, daß die Informationen aufgrund der BDE entweder nicht hinreichend detailliert sind oder der Aufwand - nicht nur bezüglich Rückmeldung, sondern auch bezüglich der Planung - überproportional steigt, so daß hier ein Kompromiß geschlossen werden muß. Dieser fällt allerdings meist zum Nachteil des Detaillierungsgrades aus.

In der Konstruktion sollte zumindest nach

- Entwurf
- Detaillierung
- Ausarbeitung

detailliert gemeldet werden, in der Arbeitsplanung nach

- Arbeitsplanerstellung
- Vorgabezeitermittlung
- Kalkulation
- Fertigungshilfsmittel-Konstruktion
- NC-Programmierung.

Insbesondere die Fertigmeldung zur NC-Programmierung, die die Verfügbarkeit der entsprechenden NC-Programme signalisiert, sollte erfolgen. Wenn schon keine bereichsübergreifende PPS betrieben wird, sollte zumindest dieser Arbeitsschritt auf dem Fertigungssteuerungssystem erfasst werden. Ebenso ist es möglich, ein vorhandenes BDE-System, das für den Fertigungsbereich eingesetzt wird, hier mit heranzuziehen und ein Bereichsterminal in der Arbeitsplanung aufzustellen.

Entsprechendes gilt für die Konstruktion und ist insbesondere bei kundenauftragsbezogener Fertigung ein möglicher Schritt. Diese Möglichkeit wird allerdings in der Praxis noch kaum genutzt.

Insgesamt kann festgestellt werden, daß der Detaillierungsgrad noch stark verbesserungswürdig ist. Die Fortschrittsverfolgung gleicht oft eher Blitzlichtern mit größerer oder kleinerer Frequenz auf den Auftragsfortschritt denn einer kontinuierlichen Beleuchtung zur Schaffung der erforderlichen Transparenz des Betriebsgeschehens in Konstruktion und Arbeitsplanung.

Detaillierungsgrad des Rückmeldeobjekts

Auch der Detaillierungsgrad des Rückmeldeobjekts beinhaltet eine komplexe Fragestellung. Dies gilt insbesondere bei überlappter Produktion.

Der Detaillierungsgrad sollte variabel sein (z.B. im Rahmen der Konstruktion mit wachsender Konkretisierung steigen) und so hoch wie nötig, aber so gering wie möglich eingestellt werden. Er soll bedarfsweise vergrößert werden können.

Bei unkritischen Baugruppen braucht in der Regel nicht näher detailliert zu werden, bei "Problemteilen" und "Langläufern" wird dies sehr wohl gefordert.

Wird hier nicht differenziert, so sagt auch die Aufwandsmeldung wenig über den echten Auftragsfortschritt aus. Außerdem verzichtet man auf einen hohen Grad an Flexibilität, wenn man nur den Gesamtauftrag en bloc verfolgen und damit steuern kann und nicht detailliert.

Erfassungsschnittstelle (EDV-unterstützte BDE)

Hier gelten bezüglich des speziellen Erfassungspersonals grundsätzlich die gleichen Ausführungen wie bei der Diskussion der Erfassungsschnittstelle für die belegorientierte BDE, insoweit es sich um Sachbearbeiter der Produktionsplanung oder der zentralen Auftragsabwicklung handelt.

Zur Direkteingabe (Ersteingabe) ist auch hier der Mitarbeiter selbst geeignet, für die Eingabe aufgrund einer manuellen Vorerfassung werden sinnvollerweise Werkstattschreiber o.ä. eingesetzt.

Der häufiger anzutreffende Fall, daß die Arbeitsplanung als nachfolgender Produktionsbereich die Fertigmeldung der Konstruktion für Aufgaben der bereichsübergreifenden PPS wahrnimmt, hat den Nachteil, daß hier nur die Konstruktionstätigkeiten als ganzes fertiggemeldet werden können. Dies reicht hinsichtlich der erforderlichen Aktualität und Detailliertheit häufig nicht aus (vgl. auch "Detaillierungsgrad des Bearbeitungsfortschritts").

Der Fall, daß CAD- und CAP-Systeme direkt als Erfassungsschnittstellen benutzt werden, wurde nicht angetroffen, wohl aber in wenigen Sonderfällen die Heranziehung der Datenverwaltung des PPS-Systems für Zwecke der bereichsübergreifenden PPS.

Erfassungsort (EDV-unterstützte BDE)

Die Ausprägungen dieses Merkmals sind eng mit denen der Erfassungsschnittstelle verbunden und bedürfen keines weiteren Kommentars.

Erfassungstechnik (EDV-unterstützte BDE)

Es dominiert noch in der überwiegenden Zahl der Fälle - abgesehen von der bereichsübergreifenden PPS - die EDV-Eingabe aufgrund einer belegorientierten (Vor-)Erfassung. Eine Eingabeunterstützung durch maschinell lesbare Codierung erfolgt so gut wie nicht.

Dies ist ein Indiz dafür, daß die Belegorganisation überdacht und ähnlich wie in der Fertigung bereits üblich gestaltet werden sollte (Arbeitsvorgangsweise Einzelbelege, vorbereitet, mit Eingabeunterstützung).

Für eine reine Statusrückmeldung (z.B. Auftrag oder Arbeitsvorgang fertig) im Rahmen der PPS genügt die Eingabe von identifizierenden Daten (Auftrags- und ggf. Arbeitsvorgangsnummer, Kostenstelle). Hierfür sind vorbereitete Belege mit maschinenlesbarer Codierung prädestiniert. Da in Konstruktion und Arbeitsplanung Büroatmosphäre herrscht, ist auch das vollautomatische Einlesen von Rückmeldebelegen mit OCR-Klarschriftlesern oder OMR-Lesern denkbar. Dabei genügt die tägliche oder halbtägliche Eingabe der Belege im automatischen Stapelverfahren.

Ebenso läßt sich auch die Direkteingabe bei Verwendung von vorbereiteten Belegen mit Eingabeunterstützung forcieren.

Die interessante Möglichkeit, die Anlage von Stammdaten (z.B. zu Stücklisten, Arbeitsplänen, Werkzeugen und Vorrichtungen) direkt als Rückmeldung zu verwenden, wird nur in einigen Sonderfällen genutzt. Gerade hier liegen aber Chancen einer "aufwandslosen" BDE, wie sie im Fertigungsbereich nur bei höchster Automatisierung möglich wäre.

Erfassungsfrequenz (EDV-unterstützte BDE)

Auffällig ist, daß gerade hinsichtlich der Erfassungsfrequenz zur EDV-unterstützten BDE eine Vielzahl verschiedenster Ausprägungen angetroffen wird. Insbesondere bei vorausgegangener belegoreintierter Erfassung, die eine hohe Fehlerfreiheit sicherstellen kann, reicht - von den Aktualitätsanforderungen her - selbst für Zwecke der bereichsübergreifenden PPS eine Rückmeldefrequenz, die deutlich über derjenigen der manuellen Erfassung und im Bereich wöchentlich bis dekadisch liegt. Hier sind generell die Aktualitätsanforderungen der Arbeitsplanung höher als die der Konstruktion.

Der oben ausgeführte Aspekt spiegelt sich in den realisierten Organisationsformen der BDE in der Praxis deutlich wider, allerdings ist hier anzumerken, daß in einer ganzen Reihe von Betrieben nur monatlich in die EDV eingegeben wird, womit ein gut Teil an möglicher Aktualität verschenkt wird.

Produktionsbereiche

Konstruktion

Der Konstruktionsbereich ist zwar generell deutlich stärker als die Arbeitsplanung in die BDE-Organisation einbezogen, aber auch hier läßt sich noch eine Reihe von Defiziten feststellen.

Insbesondere dem Aspekt der Integration wird nicht in ausreichendem Maße Rechnung getragen. Findet eine konstruktionsbereichsinterne PPS überhaupt statt, so ist sie in der Regel nicht online mit der bereichsübergreifenden PPS gekoppelt, sondern höchstens über eine umständliche "Papierschnittstelle", oder es findet gar keine bereichsübergreifende PPS statt. Dann führt die Konstruktion unter PPS-Gesichtspunkten ihr "Eigenleben".

Eine bearbeitungsbegleitende Korrektur von Planungsgrößen findet nur selten statt und der Detaillierungsgrad von Bearbeitungsfortschritt und Rückmeldeobjekt ist zumeist niedrig.

Arbeitsplanung

Hinsichtlich der Einbeziehung der Arbeitsplanung in die BDE lassen sich die größten Defizite feststellen; sie ist in vielen Fällen aus der BDE-Organisation mehr oder weniger vollständig ausgeklammert. So bezieht nur einer der untersuchten zwanzig Betriebe die Arbeitsplanung überhaupt in die Kostenrechung ein, die Ermittlung von Planzeiten hierfür wird in den untersuchten Betrieben garnicht durchgeführt, und auch in der BDE für die PPS bleibt der Bearbeitungsschritt "Arbeitsplanung" des öfteren unberücksichtigt.

Betriebsdaten-Verwendungsbereiche

Bereichsinterne PPS

Eine bereichsinterne PPS ist überwiegend auf den Konstruktionsbereich beschränkt. Hier handelt es sich häufig um Insellösungen, zum Teil auf eigener Hardware.

Auffallend ist auch der insgesamt niedrige Detaillierungsgrad der Rückmeldungen und die niedrige Erfassungsfrequenz für diesen Bereich.

Bereichsübergreifende PPS

Für die bereichsübergreifende PPS werden häufig Netzplanprogramme eingesetzt. Die Netzplantechnik erwies sich in der Feldstudie als relativ problemlos anwendbar, wenn die Auftragsabwicklung Projektcharakter hat, wie dies z.B. im Schwermaschinenbau der Fall ist.

Ansonsten wird die Netzplantechnik häufig als problematisch angesehen, da sie entweder zu wenig aussagekräftig oder aber zu aufwendig ist. Hier liegt ein generelles Problem im Detaillierungsgrad. Er sollte so hoch wie nötig und so niedrig wie möglich sein. Daraus resultiert die Forderung nach einem während des Auftragsfortschrittes variabel anpaßbaren Detaillierungsgrad. Feste Standardnetzpläne haben sich aus eben diesem Grund häufig als nicht praktikabel erwiesen.

Typisch für den Maschinenbau ist in vielen Fällen eine überlappte Bearbeitung in verschiedenen Produktionsbereichen. Damit müssen "Teilfertigmeldungen" möglich sein, um realistische Aussagen über den tatsächlichen Auftragsfortschritt zu erhalten. Es werden hohe Anforderungen an den Detaillierungsgrad gestellt, der nach Dispositions- und Fertigungsgesichtspunkten anpaßbar sein sollte, die in vielen Fällen von der zugrunde gelegten BDE-Organisation aber nicht erfüllt werden können.

Die Eingabe von Stücklisten und Arbeitsplänen in die Datenverwaltung eines PPS-Systemes könnte wesentlich stärker als bisher für die "automatische" bereichsübergreifende BDE genutzt werden, da für eine Auftragsabwicklung, die auf einem EDV-gestützten PPS-System basiert, nicht mehr das Erstellen der Arbeitsunterlage an sich entscheidend ist, sondern ebenso die Anlage des entsprechenden Stammsatzes in der Datenverwaltung des PPS-Systems. Die Realisierung dieser Schnittstelle stellt einen ersten wesentlichen Schritt in Richtung rechnerintegrierte Produktion dar.

Planzeitermittlung

Eine systematische Auswertung der erfaßten Betriebsdaten für Zwecke der Planzeitermittlung ist noch relativ wenig verbreitet, in der Arbeitsplanung garnicht vorhanden. Hieraus resultiert eine hohe Planungsunsicherheit, die sich nicht nur auf die Auftragsabwicklung und die damit verbundenen Termine bezieht, sondern auch auf die Personalsituation in den indirekten Bereichen.

Obwohl die Planzeiten für Konstruktion und Arbeitsplanung mit erheblich höheren Streubreiten behaftet sind als in der Fertigung (bis zu 60% und mehr), scheint die Genauigkeit nach Aussagen der Betriebe, die eine Planzeitermittlung durchführen, doch erheblich besser zu sein als die Planung auf der Basis von Schätzwerten.

Aufgrund des geringen Einsatzes für diesen Verwendungsbereich genügt auch die Organisation der BDE häufig nicht den hier zu stellenden Anforderungen hinsichtlich Inhalt der Erfassung, Detaillierungsgrad des Bearbeitungsfortschritts und des Rückmeldeobjekts sowie der Erfassungsfrequenz (aus Gründen der Fehlerfreiheit).

Kostenrechnung

Obwohl die "Stundenaufschreibung" für die Kostenrechnung eigentlich den "klassischen" Fall der BDE im Konstruktionsbereich darstellt, wird die tatsächliche Verwendung dieser Daten für Zwecke einer Kostenrechnung häufig überschätzt.

Häufig dienen diese Daten lediglich einem Vergleich von Ist- zu Plan-kosten über den Projektfortschritt, wobei ein Überschreiten des geplanten Wertes oft keinerlei Konsequenzen hat oder auch nur dazu führt, daß dann ein anderer Auftrag, der noch "Luft" hat, belastet wird.

Insgesamt sind die Anforderungen an die BDE-Organisation für die Kosten-rechnung recht niedrig, es sollte allerdings darauf geachtet werden, die Erfassungsfrequenz - insbesondere auch bei manueller (Vor-)Erfassung - aus Gründen der Fehlerfreiheit nicht größer als täglich zu wählen.

8. Zusammenfassung

Die Forderung nach einer adäquaten Produktionsplanung und -steuerung auch der sogenannten vorgelagerten indirekten Produktionsbereiche Konstruktion und Arbeitsplanung wird schon seit langem erhoben, hat aber in der betrieblichen Praxis bisher nur unzureichend Erfüllung gefunden. Ansätze aus dem Bereich der Forschung und Entwicklung, die insbesondere in der ersten Hälfte der 70er Jahre entwickelt wurden, wurden nicht im wünschenswerten Maße umgesetzt. In letzter Zeit verstärkt sich aber das Interesse der Maschinenbaubranche an einer stärkeren organisatorischen und EDV-mäßigen Durchdringung dieser längst als Engpaßbereiche erkannten Abteilungen Konstruktion und Arbeitsplanung, insbesondere vor dem Hintergrund einer sich anbahnenden rechnerintegrierten Produktion (CIM).

Im Rahmen einer stärkeren organisatorischen Durchdringung mit EDV-unterstützten Informationssystemen kommt einer anforderungsgerechten Betriebsdatenerfassung in allen Produktionsbereichen zur Schließung der vielfältigen Informationsregelkreise eine zentrale Bedeutung zu. Gerade bei der BDE in Konstruktion und Arbeitsplanung klaffen aber Erfordernis und Wirklichkeit häufig noch weit auseinander.

Die Zielsetzung der vorliegenden Arbeit bestand daher darin, die Defizite der vorhandenen betriebsüblichen Lösungen in systematisierter Form aufzuzeigen, um hieraus Verbesserungen für eine anforderungsgerechte Gestaltung der BDE-Organisation ableiten zu können.

Die angewandte Vorgehensweise basiert dabei natürlicherweise auf einer vergleichenden Feldstudie von in der betrieblichen Praxis realisierten Lösungen. In diese Feldstudie wurden zwanzig Maschinenbaubetriebe aus der Bundesrepublik Deutschland einbezogen. Diese wurden nach einer breiter angelegten Kontaktaufnahme gezielt ausgewählt und repräsentieren insgesamt einen Stand der BDE-Organisation in Konstruktion und Arbeitsplanung, der über dem Durchschnitt der bundesdeutschen Maschinenbaubetriebe liegt, so daß die ermittelten Defizite für die Vielzahl der Betriebe um so stärker zutreffen.

Bei der Vorgehensweise wurde einerseits unterschieden nach Betriebsdaten aus den beiden Produktionsbereichen Konstruktion und Arbeitsplanung und

- soweit im Rahmen der Integration erforderlich - der Fertigung. Andererseits wurde eine differenzierte Betrachtung hinsichtlich der verschiedenen Verwendungsbereiche für Betriebsdaten aus Konstruktion und Arbeitsplanung vorgenommen. Hier wurde unterschieden nach Betriebsdaten für die (produktions-)bereichsinterne PPS, die (produktions-)bereichsübergreifende PPS, die Planzeitermittlung und die Kostenrechnung.

Basierend auf dieser Unterteilung nach Produktions- und Verwendungsbereichen wurde das instrumentelle Rüstzeug geschaffen, um eine Systematisierung der vorgefundenen BDE-Organisationen in Form einer Typologie vornehmen zu können. Dazu wurden entsprechende Merkmale und Merkmalsausprägungen für die verschiedenen möglichen Organisationsformen ermittelt.

Hierbei zeigte sich, daß einerseits nach Merkmalen zur Beschreibung der organisatorischen Gestaltung der BDE je Produktions- und Verwendungsbereich zu unterschieden war, um die bereichsspezifischen Besonderheiten detailliert genug erfassen und darstellen zu können. Andererseits mußten, unter dem Aspekt der Daten- und Informationsflußintegration, Merkmale zur Beschreibung der produktions- und verwendungsbereichsübergreifenden organisatorischen Gestaltung der BDE berücksichtigt werden.

Bei der Auswertung der erhobenen Daten konnte die Vielfalt der vorgefundenen betriebsindividuellen Lösungen auf sechs Typen bei den bereichsübergreifenden Organisationsformen der BDE und auf neun typische Grundformen der bereichsinternen Organisation der BDE zurückgeführt werden.

Parallel zur Untersuchung der realisierten Lösungen wurde eine systematische Ermittlung der Anforderungen an die Qualität der zu erfassenden Betriebsdaten durchgeführt. Als Qualitätskriterien wurden dabei die Merkmale Aktualität, Fehlerfreiheit und Detailliertheit abgeleitet und zugrunde gelegt.

Basierend auf den Ergebnissen der oben dargestellten Verfahrensschritte war es dann möglich, eine Defizitanalyse der vorgefundenen organisatorischen Gestaltungsformen der BDE durchzuführen, die Hinweise auf die noch zu verbessernden organisatorischen Gestaltungselemente der Betriebsdatenerfassung in Konstruktion und Arbeitsplanung von Maschinenbaubetrieben vor dem Hintergrund einer rechnerintegrierten Produktion gibt.

9. Literaturverzeichnis

Almenräder, A.: Beitrag zur Bestimmung des Zeitaufwandes für die Funktion "Arbeitsplanerstellung" im Maschinenbau. Dissertation TH Aachen 1983.

Almenräder, A.; Niessner, Ch.: Entwicklung einer Methode zur Beurteilung der Wirksamkeit einer Arbeitsvorbereitung. Schlußbericht zum DFG-Projekt Ha 531/32, Aachen 1981.

AWF (Hrsg.): AWF-Empfehlung: Integrierter EDV-Einsatz in der Produktion - CIM - Computer Integrated Manufacturing (Begriffe, Definitionen, Funktionszuordnungen). Eschborn 1985.

Bamberg, G.; Baur, F.: Statistik, 2.Aufl. Oldenbourg-Verlag, München 1982.

Bartels, F.: Ausgangssituation und Erfahrungen bei der Einführung von KAZ in der Konstruktion und Arbeitsvorbereitung eines Maschinenbau-unternehmens (Teil 2). In: Tagungsband "Kapazitäts- und Terminplanung in indirekten Bereichen" zum FIR-Forum "Indirekte Bereiche" am 23. Oktober 1985 in Aachen, Aachen 1985, S.22-31.

Beitz, W.; Krumhauer, P.; Grabowski, H.; Heuwing, F.W.: Stand und Entwicklungstendenzen der Terminplanung in Konstruktionsbereichen des Maschinenbaus. In: Industrie-Anzeiger 95(1973)23, S.440-443.

Bendeich, E.: Datenerfassung im Produktionsbereich. Hrsg.: H.-J. Warnecke. Otto Krausskopf-Verlag GmbH, Mainz 1977.

Bock, H.H.:   Automatische Klassifikation.
            Vandenhoek & Ruprecht, Göttingen 1974.

Böcker, F.:   Korrelationskoeffizienten.
            In: WiSt 8(1978), S.379-383.

Bortz, J.:   Lehrbuch der Statistik.
            Springer-Verlag, Berlin/Heidelberg/New York
            1985.

Brankamp, K.;   Terminsteuerung in Entwicklung und Kon-
Schluh, K.-M.:   struktion für die Einzelfertigung.
            In: Zeitschrift für wirtschaftliche
            Fertigung 80(1985)2, S.53-59.

Brief, U.:   Entwicklung und Erprobung eines EDV-
            gestützten Verfahrens zur Feinauswahl von
            Standardsystemen der Produktionsplanung und
            -steuerung im Maschinenbau.
            Dissertation TH Aachen 1984.

Bullinger, H.J.:   Kostensenkung durch rationelle Auftrags-
            abwicklung.
            In: wt-Zeitschrift für industrielle
            Fertigung 65(1975)6, S.360-362.

Bullinger, H.J.:   Ablaufplanung in der Konstruktion.
            Hrsg.: H.J. Warnecke.
            Otto Krausskopf-Verlag GmbH, Mainz 1976.

Bullinger, H.J.;   Kapazitätsplanungssystem für den Unterneh-
Dangelmaier, W.;   mensbereich Konstruktion und Entwicklung.
Hichert, R.:   In: Industrial Engineeering 3(1973)5,
            S.291-306 (1973a).

Bullinger, H.J.;
Dangelmaier, W.;
Hichert, R.:

Vorgehensweise der Kapazitätsterminierung
im Konstruktions- und Entwicklungsbereich
- Darstellung anhand eines Beispiels.
In: Industrial Engineering 3(1973)6,
S.399-414 (1973b).

Bullinger, H.J.;
Graf, H.;
Hichert, R.;
Kunerth, W.:

Rationalisierung in der Konstruktion.
In: wt-Zeitschrift für industrielle
Fertigung 62(1972)12, S.747-754.

Dosch, P.F.:

Neue Aspekte der Betriebsdatenerfassung
in der Produktion.
In: Planung + Produktion 30(1982)3, S.19-21.

Eichler, H.;
Walz, V.:

Planung und Kontrolle von Entwicklungs-
und Konstruktionsleistungen im Maschinenbau.
Hrsg.: VDMA.
Maschinenbau-Verlag GmbH, Frankfurt 1973.

Eversheim, W.:

Organisation in der Produktionstechnik.
Band 3: Arbeitsvorbereitung.
VDI-Verlag GmbH, Düsseldorf 1980.

Eversheim, W.:

Organisation in der Produktionstechnik.
Band 2: Konstruktion.
VDI-Verlag GmbH, Düsseldorf 1982.

Falkenhausen, F.v.;
Weiß, H.;
Wilhelm, K.:

Vorbereitende Arbeiten zur Einführung
eines Terminplanungssystems im Fertigungsbereich.
In: Industrie-Anzeiger 96(1974)51,
S.1129-1132.

Förster, H.-U.:

CAD/PPS-Kopplung - ein Meilenstein auf dem
Weg zur rechnerintegrierten Produktion.
In: CAD-CAM Report 4(1985)1/2, S.54-59.

Gerlach, J.:

Entwicklung von Gestaltungsrichtlinien
für eine zentrale Auftragsabwicklung in
Produktionsunternehmen.
Dissertation TH Aachen 1983.

Gillessen, E.:

Was der Fertigung recht ist, sollte der
Konstruktion billig sein.
In: FIR-Mitteilungen 18(1986)2, S.1-2.

Hackstein, R.:

Arbeitswissenschaft im Umriß.
Band 1: Gegenstand und Rechtsverhältnisse.
Verlag W. Girardet, Essen 1977 (1977a).

Hackstein, R.:

Arbeitswissenschaft im Umriß.
Band 2: Grundlagen und Anwendung.
Verlag W. Girardet, Essen 1977 (1977b).

Hackstein, R.:

Produktionsplanung und -steuerung (PPS).
VDI-Verlag GmbH, Düsseldorf 1984.

Hackstein, R.:

Einführung in die technische Ablauforganisation.
Carl Hanser Verlag, München/Wien 1985.

Hackstein, R.;
Petermann, E.:

Ein Grobplanungssystem im Rahmen der PPS
verkürzt Durchlaufzeiten.
In: AV-Die Arbeitsvorbereitung 22(1985)2,
S.48-50.

Hedstück, D.;
Schneider, W.;
Eitschberger, H.W.:

Auftragsfestlegung und Auftragsleitstelle
bei der Maschinenfabrik E. Kampf, Wiehl
(Mühlen).
In: Gesamtauftragssteuerung in Maschinenbau-
unternehmen der Einzel- und Kleinserien-
fertigung. Hrsg.: VDMA.
Maschinenbau-Verlag GmbH, Frankfurt 1978,
S.116-131.

- 143 -

Heinisch, I.;
Sämann, W.: Planzeitwerte im Büro.
Beuth-Vertrieb GmbH, Berlin/Köln/Frankfurt 1973.

Helfrich, Ch.: Fertigungssteuerung im Auftragsablauf
- Voraussetzungen für erfolgreiche Planung an Hand von Beispielen-.
In: Tagungsband zum Kongreß "PPS 80".
Hrsg.: AWF. Eschborn 1980.

Hemmers, K.;
Konrad, K.-G.;
Rollmann, M.: Personalbedarfsplanung in indirekten Bereichen.
Hrsg.: RKW. Eschborn 1985.

Hesser, W.: Zur Tätigkeit des Konstrukteurs - Ergebnisse einer Voruntersuchung.
In: VDI-Z 121(1979)20, S.1031-1035.

Heuwing, F.W.: Grundlagen der Terminplanung in der Konstruktion.
Dissertation TH Aachen 1974.

Hildebrandt, F.: Methoden zur Zeitanalyse und Zeitplanung im Konstruktionsbüro.
Westdeutscher Verlag, Köln und Opladen 1968.

Hoff, H.: Gesamtauftragssteuerung bei der Maschinenfabrik Emil Jäger KG, Münster/Westf.
In: Gesamtauftragssteuerung in Maschinenbauunternehmen der Einzel- und Kleinserienfertigung. Hrsg.: VDMA.
Maschinenbau-Verlag GmbH, Frankfurt 1978, S.86-100.

Hubka, V.: Theorie der Konstruktionsprozesse.
Springer-Verlag, Berlin 1976.

Humrich, H.:   Ausgangssituation und Erfahrungen bei der
                      Einführung von KAZ in der Konstruktion und
                      Arbeitsvorbereitung eines Maschinenbau-
                      unternehmens (Teil 1).
                      In: Tagungsband "Kapazitäts- und Termin-
                      planung in indirekten Bereichen" zum FIR-
                      Forum "Indirekte Bereiche" am 23. Oktober
                      1985 in Aachen, Aachen 1985, S.16-21.

Kainz, R.:   Das erfolgreiche Technische Büro durch
                      leistungsfähige Struktur- und Arbeitsorga-
                      nisation. Hrsg.: E. Kruppke, E. Wippler.
                      Kontakt + Studium, Band 2.
                      Lexika-Verlag, Grafenau 1975.

Kainz, R.;   Planzeiten als Grundlage für eine realisti-
Wild, N.:   sche Entwicklungsplanung.
                      In: Planung in Entwicklung und Konstruktion.
                      Hrsg.: H.J. Warnecke, R. Hichert, A.Voegele.
                      expert-Verlag, Grafenau 1980, S. 180-188.

Kittel, Th.:   Beitrag zur Aktualisierung von Planungsdaten
                      EDV-gestützter Produktionsplanungs- und
                      -steuerungssysteme auf der Basis EDV-maschi-
                      nell erfaßter Betriebsdaten.
                      Dissertation TH Aachen 1983.

Klepsch, B.:   Erfassung, Bewertung und Verrechnung von
                      Konstruktionsleistungen.
                      In: Der Industriemeister 19(1970)4, S.76-77.

Klotz, U.;   Personalinformationssysteme.
Meyer-Degenhardt, K. Reinbek bei Hamburg 1984.
(Hrsg.):

Ley, W.:

Entwicklung von Entscheidungshilfen zur
Integration der Fertigungshilfsmittel-
disposition in EDV-gestützte Produktions-
planungs- und -steuerungssysteme.
VDI-Verlag GmbH, Düsseldorf 1984
(Dissertation TH Aachen).

Lienert, G.A.:

Verteilungsfreie Methoden der Biostatistik,
Band 1.
Verlag A. Hain, Meisenheim 1973.

Menzel, W.:

Arbeitsvorbereitung in Entwicklung und
Konstruktion.
In: Management-Zeitschrift io 50(1981)4,
S.203-205.

Miese, W.;
Voegele, A.:

Entwicklungsplanung in der Nutzfahrzeug-
industrie.
In: Planung in Entwicklung und Konstruktion.
Hrsg.: H.J. Warnecke, R. Hichert, A.Voegele.
expert Verlag, Grafenau 1980, S.20-26.

Neunheuser, B.:

Technologie der Betriebsdatenerfassung.
In: Betriebsdaten: Vorgeben - Erfassen -
Verarbeiten. VDI-Berichte 465.
VDI-Verlag GmbH, Düsseldorf 1982.

Nissing, Th.:

Beitrag zur Entwicklung eines dezentralen
Produktionsplanungs- und -steuerungssystems
auf der Basis verteilter Datenbestände.
Dissertation TH Aachen 1982.

Nissing, Th.;
Virnich, M.:

EDV-gestützte Werkstattsteuerung
- Wunschkind und Stiefkind zugleich.
In: AV-Die Arbeitsvorbereitung 19(1982)3,
S.74-78.

Nitzsche, M.;
Virnich, M.:
Organisatorische und technische Gestaltungs-
möglichkeiten moderner BDE-Systeme.
In: Planung + Produktion 33(1985)1, S.6-10.

Opitz, H. (Hrsg.):
Produktplanung - Konstruktion - Arbeitsvorbereitung, Rationalisierungsschwerpunkte
bei der Produktentstehung.
Verlag W. Girardet, Essen 1971.

Opitz, H.;
Grabowski, H.;
Heuwing, F.W.:
Ermittlung von Planzeiten für Konstruktions-
arbeiten.
In: Industrie-Anzeiger 95(1973)33, S.663-668.

Pahl, G.;
Beitz, W.:
Konstruktionslehre.
Berlin/Heidelberg/New York 1977.

Pitra, L.:
Entwicklung und Erprobung eines Instrumen-
tariums zur Auswahl von rechnergestützten
Systemen zur Grobplanung der Produktion.
Dissertation TH Aachen, 1982.

Radermacher, W.:
Arbeitsvorbereitung der Konstruktion
- Planung und Steuerung einer Konstruktions-
abteilung.
In: VDI-Z 125(1983)22, S. 925-931 (1983a).

Radermacher, W.:
Arbeitsvorbereitung der Konstruktion
- Organisationsformen.
In: VDI-Z 125(1983)23/24, S.995-998 (1983b).

REFA (Hrsg.):
Methodenlehre der Planung und Steuerung.
Teil 2: Planung
Carl Hanser Verlag, München 1978.

REFA (Hrsg.):
Methodenlehre der Planung und Steuerung.
Teil 1.
Carl Hanser Verlag, München 1985.

Roschmann, K.:

Betriebsdatenerfassung - Stand und Entwicklungstendenzen des BDE-Angebotes.
In: FB/IE 34(1985)5, S.204-242.

Roschmann, K. u.a.:

Betriebsdatenerfassung in Industrieunternehmen. AWV-Schrift 251.
Verlag Moderne Industrie, München 1979.

Sämann, W.:

Rationalisierung der Büroarbeit als Zukunftsaufgabe.
In: REFA-Nachrichten 23(1970)6, S.421-425.

Schluh, K.-M.;
Stephan, K.;
Helbig, K.:

Gesamtauftragssteuerung bei der Maschinenfabrik Hasenclever GmbH, Düsseldorf.
In: Gesamtauftragssteuerung in Maschinenbauunternehmen der Einzel- und Kleinserienfertigung. Hrsg.: VDMA.
Maschinenbau-Verlag GmbH, Frankfurt 1978, S.39-85.

Schomburg, E.:

Entwicklung eines betriebstypologischen Instrumentariums zur systematischen Ermittlung der Anforderungen an EDV-gestützte Produktionsplanungs- und -steuerungssysteme im Maschinenbau.
Dissertation TH Aachen 1980.

Schomburg, E.:

Einsatzmöglichkeiten der BDE im Rahmen der Werkstattsteuerung.
In: Handbuch zum Seminar "Einsatz EDV-gestützter Betriebsdatenerfassungssysteme im Rahmen der Werkstattsteuerung",
VDI-Bildungswerk, Düsseldorf 1985.

Schuchard-Ficher, C.;   Multivariate Analysemethoden.
Backhaus, K.;   Springer-Verlag, Berlin/Heidelberg/New York
Humme, U.;   1982.
Lohrberg, W.;
Plinke, W.;
Schreiner, W.:

Speith, G.:   Vorgehensweise zur Beurteilung und Auswahl
                          von Produktionsplanungs- und -steuerungs-
                          systemen für Betriebe des Maschinenbaus.
                          Dissertation TH Aachen 1982.

Steinhausen, D.;   Clusteranalyse.
Langer, K.:   de Gruyter, Berlin/New York 1977.

Stommel, H.-J.:   Ein dynamisches Verfahren zur gekoppelten
                          lang- und mittelfristigen Termin- und Kapa-
                          zitätsplanung des gesamten Auftragsablaufs
                          in der Einzel- und Kleinserienfertigung.
                          In: Ablauf- und Planungsforschung,
                          München 9(1968)1, S.23-41.

Stommel, H.-J.:   EDV-gestütztes Termin- und Kapazitäts-
                          planungssystem für die Arbeitsvorbereitung.
                          In: Tagungsband "Kapazitäts- und Termin-
                          planung in indirekten Bereichen" zum FIR-
                          Forum "Indirekte Bereiche" am 23. Oktober
                          1985 in Aachen, Aachen 1985, S.32-51.

Thomas, W.;   EDV-gestützte Produktionsplanung und
Schomburg, E.:   -steuerung auch in Klein- und Mittel-
                          betrieben?
                          In: Industrie-Anzeiger 104(1982)49,
                          S.102-105.

Überla, K.: Faktorenanalyse.
Springer-Verlag, Heidelberg 1968.

Ulenberg, R.: Systematische Ist-Stunden-Auswertung zur
Findung von Planzeiten im Maschinenbau.
In: Planung in Entwicklung und Konstruktion.
Hrsg.: H.J. Warnecke, R. Hichert, A. Voegele.
expert Verlag, Grafenau 1980, S.189-197.

VDI (Hrsg.): Lexikon der Produktionsplanung und
-steuerung: Begriffszusammenhänge und
Begriffsdefinitionen.
VDI-Verlag GmbH, Düsseldorf 1983.

VDMA (Hrsg.): Gesamtauftragssteuerung in Maschinenbauunternehmen der Einzel- und Kleinserienfertigung.
Maschinenbau-Verlag GmbH, Frankfurt 1978.

Virnich, M.: Betriebsdatenerfassung und Werkstattsteuerung
mit OBSERWER.
In: Planung und Steuerung betrieblicher
Abläufe. VDI-Berichte 490.
VDI-Verlag GmbH, Düsseldorf 1983, S.119-132.

Virnich, M.: Grundsätzliche Bedeutung und Möglichkeiten
heutiger Betriebsdatenerfassung.
In: Handbuch zur Fachtagung "Betriebsdatenerfassung" am 17.-18. Oktober 1985 in
Düsseldorf, VDI-Gesellschaft Produktionstechnik, Düsseldorf 1985, S.1-30 (1985a).

Virnich, M.: Es gibt mehr als hundert PPS-Systeme.
Wie finde ich als Anwender das richtige
für meinen Betrieb?
In: Tagungsband zum Kongreß "PPS 85".
Hrsg.: AWF. Eschborn 1985 (1985b).

Virnich, M.:   Anforderungen an die Organisation der BDE
                             in Konstruktion und Arbeitsplanung von
                             Maschinenbaubetrieben.
                             Bericht des Forschungsinstituts für Ratio-
                             nalisierung an der RWTH Aachen, Aachen 1986.

Virnich, M.;   Dezentrale BDE und Werkstattsteuerung.
Nissing, Th.;   In: Industrieanzeiger 105(1983)26, S.66-69.
Nitzsche, M.;
Ganardi, A.:

Virnich, M.;   EDV-unterstützte Betriebsdatenerfassung in
Nitzsche, M.;   Gießereien.
Bentler, K.-B.:   Giesserei-Verlag GmbH, Düsseldorf 1985.

Virnich, M.;   Handbuch der maschinell lesbaren Belege und
Posten, K.:   Ausweise.
                             Verlag TÜV Rheinland GmbH, Köln 1986.

Vogel, F.:   Probleme und Verfahren der numerischen
                             Klassifikation.
                             Vandenhoek & Ruprecht, Göttingen 1975.

Warnecke, H.J.;   Abgrenzung des Untersuchungsfeldes Entwick-
Hichert, R.:   lung und Konstruktion.
                             In: Planung in Entwicklung und Konstruktion.
                             Hrsg.: H.J. Warnecke, R. Hichert, A. Voegele.
                             expert Verlag, Grafenau 1980, S.20-26
                             (1980a).

Warnecke, H.J.;   Notwendigkeit der Rationalisierung in
Hichert, R.:   Entwicklung und Konstruktion.
                             In: Planung in Entwicklung und Konstruktion.
                             Hrsg.: H.J. Warnecke, R. Hichert, A. Voegele.
                             expert Verlag, Grafenau 1980, S.27-30
                             (1980b).

Weber, L.:   Leistungsmessung im Konstruktionsbüro.
                  In: Industrielle Organisation 38(1969)8,
                  S.349-354.

Wöhe, G.:   Einführung in die allgemeine Betriebswirt-
                  schaftslehre.
                  Verlag Franz Vahlen, München 1987.

A1 Erläuterungen zu den Ausprägungen der betrieblichen Merkmale

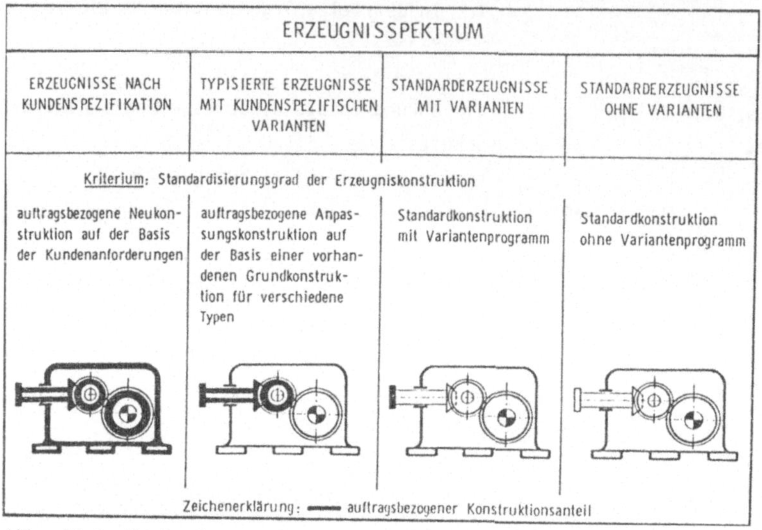

Abb. A1-1: Merkmalsausprägungen zum Erzeugnisspektrum
(SCHOMBURG 1980, S.90)

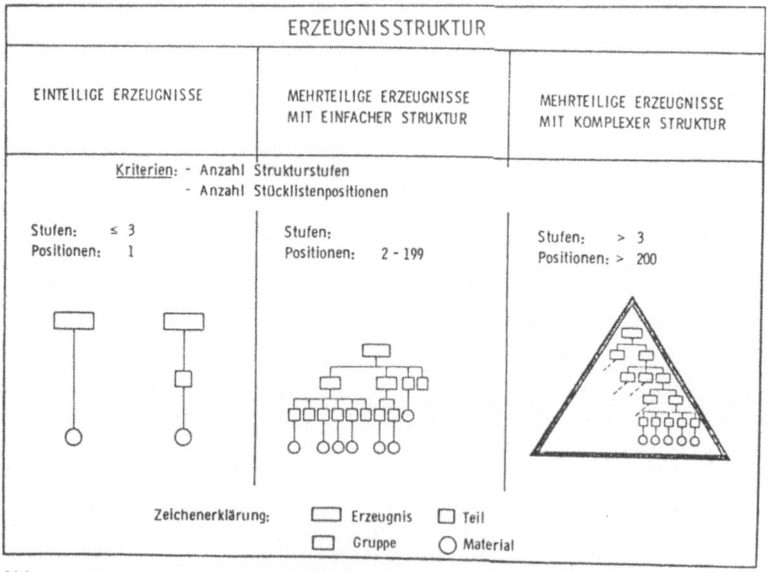

Abb. A1-2: Merkmalsausprägungen zur Erzeugnisstruktur
(SCHOMBURG 1980, S.90)

FERTIGUNGSART			
EINMALFERTIGUNG	EINZEL- UND KLEIN-SERIENFERTIGUNG	SERIENFERTIGUNG	MASSENFERTIGUNG

Kriterien: - Auflagenhöhe der Fertigungsaufträge (AUF)

- Durchschnittliche Auftragszeit - Ist-Zeit - je Arbeitsvorgang (ZEIT)

- Wiederholhäufigkeit identischer oder fertigungsablaufmäßig gleicher Fertigungsobjekte (WIED)

| AUF: beliebig $\\quad$ ZEIT: beliebig $\\quad$ WIED: 0 | AUF: $\\le 100$ \| $\\le 25$ $\\quad$ ZEIT: $\\le 16h$ \| $>16h$ $\\quad$ WIED: $\\ne 0$, $\\ne \\infty$ | AUF: > 25 $\\quad$ ZEIT: $> 16h$ $\\quad$ WIED: $\\ne 0$, $\\ne \\infty$ | AUF: $\\quad$ ZEIT: beliebig $\\quad$ WIED: $\\infty$ |

Abb. A1-3: Merkmalsausprägungen zur Fertigungsart
(SCHOMBURG 1980, S.92)

FERTIGUNGSSTRUKTUR		
FERTIGUNG MIT GERINGER TIEFE	FERTIGUNG MIT MITTLERER TIEFE	FERTIGUNG MIT GROSSER TIEFE

Kriterien: - Anzahl Fertigungsstufen (FST)
- Anzahl aufeinanderfolgender Arbeitsvorgänge im Fertigungsprozeß (AVO)

| FST: 1 $\\quad$ AVO: $\\le 10$ | FST: $\\le 3$ $\\quad$ AVO: 11-30 | FST: $\\le 3$ \| $\\ge 4$ $\\quad$ AVO: >30 \| beliebig |

Abb. A1-4: Merkmalsausprägungen zur Fertigungsstruktur
(SCHOMBURG 1980, S.93)

A2 Betriebliche Merkmale der untersuchten Betriebe

Abbildung A2-1 vermittelt einen Überblick über die Verteilungen der zugrundegelegten qualitativen Merkmale der zwanzig untersuchten Betriebe. Hierbei läßt sich das Schwergewicht bei solchen Betrieben erkennen, die typisierte Erzeugnisse mit kundenspezifischen Varianten herstellen. Entsprechend der Zielgruppe "Maschinenbaubranche" sind die Erzeugnisse fast durchweg mehrteilig und von komplexer Struktur. Die überwiegend vorzufindende Fertigungsart ist mit 75% die Einzel- und Kleinserienfertigung, während die Einmalfertigung mit 10% und die Serienfertigung mit 15% vertreten ist. Zu je 45% wird mit mittlerer und mit großer Tiefe gefertigt, zu 10% mit geringer Tiefe.

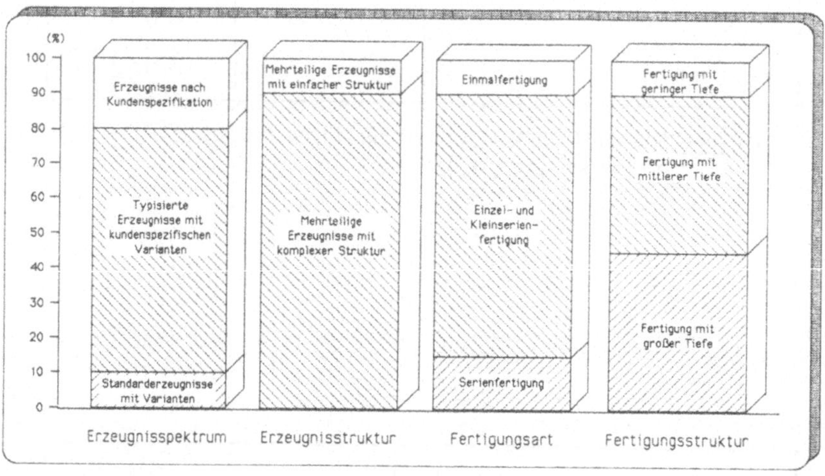

Abb. A2-1: Verteilungen der qualitativen betrieblichen Merkmale bei den untersuchten Betrieben

Die quantitativen Merkmalsausprägungen sind aus Gründen einer übersichtlichen Darstellung in Klassen unterteilt. Die Festlegung der Klassen erfolgte aufgrund der Häufigkeitsverteilung der Merkmalsausprägungen so, daß jede Klasse möglichst ein lokales Häufigkeitsmaximum enthält.

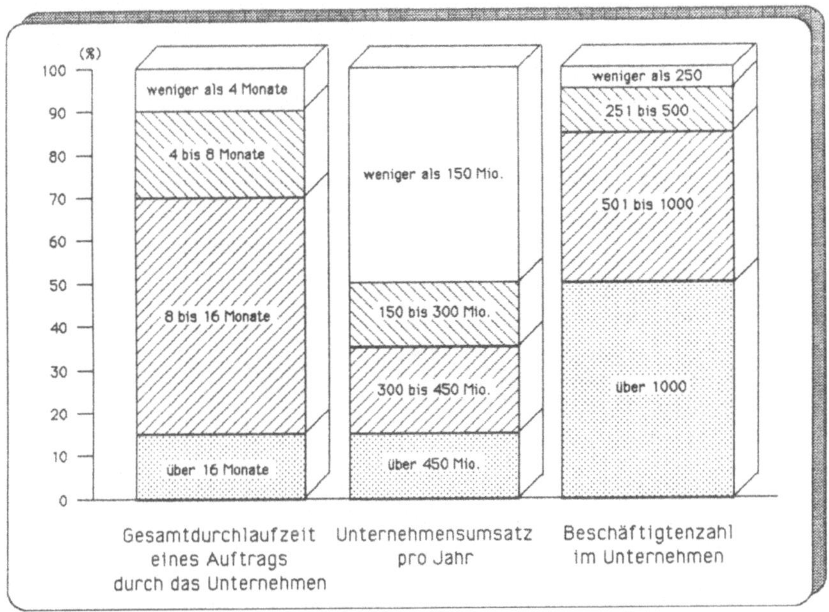

Abb. A2-2: Verteilungen der quantitativen betrieblichen Merkmale bei den untersuchten Betrieben bezüglich Gesamtunternehmen

Abbildung A2-2 zeigt die die Unternehmen insgesamt charakterisierenden quantitativen Merkmale und ihre Verteilungen. Die durchschnittliche "Gesamtdurchlaufzeit eines Auftrags durch das Unternehmen" liegt bei etwa der Hälfte der Betriebe (55%) im Bereich zwischen 8 und 16 Monaten. Der Anteil der Betriebe mit höheren Durchlaufzeiten ist relativ gering (15%), während ca. ein Drittel der Betriebe Durchlaufzeiten unter acht Monaten realisieren muß.

Bei den beiden Merkmalen "Unternehmensumsatz pro Jahr" und "Beschäftigtenzahl im Unternehmen" läßt sich eine Grenze bei dem 50%-Anteil ziehen. Alle Betriebe mit weniger als 1000 Mitarbeitern liegen in der Regel auch im Umsatzbereich unter 150 Mio. DM pro Jahr, während die Betriebe mit einem höheren Jahresumsatz auch meist über 1000 Mitarbeiter beschäftigen.

Abbildung A2-3 zeigt die quantitativen, den Konstruktionsbereich beschreibenden Merkmale. Bei der Anzahl der Mitarbeiter in der Konstruktion lassen sich zwei Schwerpunkte erkennen: Betriebe mit einem Mitarbeiterstamm zwischen 31-60 und Betriebe mit einem Mitarbeiterstamm über 120. Betriebe mit einer Mitarbeiterzahl in der Konstruktion kleiner als 30 wurden nicht angetroffen.

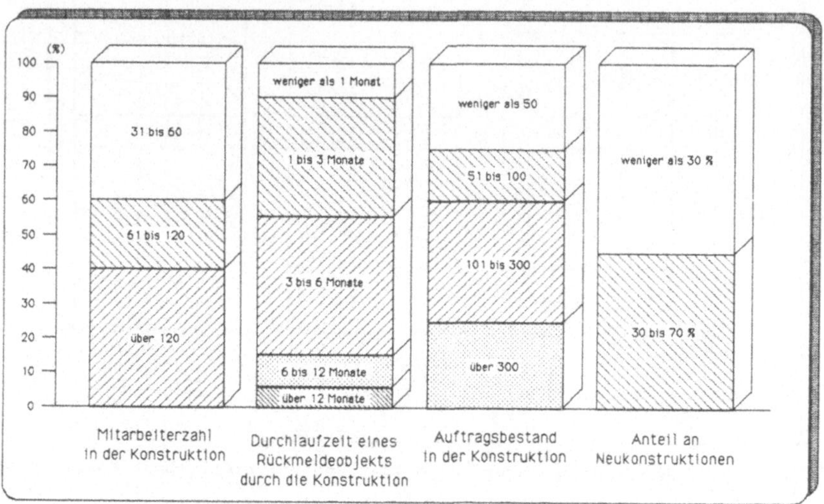

Abb. A2-3: Verteilungen der quantitativen betrieblichen Merkmale bei den untersuchten Betrieben bezüglich der Konstruktion

Bereits bei der Datenerhebung wurde festgestellt, daß eine Unterteilung der Betriebe nach der Gesamtmitarbeiterzahl in Klein- und Mittelbetriebe sowie Großunternehmen hinsichtlich der Produktionsbereiche Konstruktion und Arbeitsplanung nicht zweckmäßig ist, da die Mitarbeiterzahl in diesen Produktionsbereichen nicht in einem direkten Verhältnis zur Gesamtmitarbeiterzahl im Unternehmen steht. So wurden u.a. große Unternehmen mit zahlenmäßig kleinen Konstruktionsabteilungen angetroffen, genauso wie kleine Unternehmen mit großen Konstruktionsabteilungen.

Die Durchlaufzeit der Aufträge durch die Konstruktion liegt schwerpunktmäßig im Bereich zwischen einem und sechs Monaten. Der Auftragsbestand der angearbeiteten Aufträge ist in der Regel sehr hoch. Der Anteil an Neukonstruktionen liegt etwa zu gleichen Teilen über und unter der Schranke von 30%, allerdings bei keinem der Betriebe über 70%.

Abbildung A2-4 zeigt die den Bereich Arbeitsplanung näher beschreibenden quantitativen Merkmale. Hier ist im Gegensatz zur Konstruktion in der Regel eine bedeutend geringere Mitarbeiterzahl beschäftigt. In 55% der Betriebe arbeiten in der Arbeitsplanung weniger als 30 Mitarbeiter. Die Durchlaufzeit der Aufträge durch die Arbeitsplanung liegt fast durchweg unter drei Monaten, jedoch bewegt sich der Auftragsbestand in der Arbeitsplanung häufig in gleicher Höhe wie in der Konstruktion, da die Aufträge, die in der Konstruktion meist Bau- oder Funktionsgruppen einschließen, in der Arbeitsplanung häufig auf die Teileebene aufgelöst und als Einzelaufträge weitergesteuert werden, während gleichzeitig die Durchlaufzeit in der Arbeitsplanung deutlich niedriger als in der Konstruktion liegt.

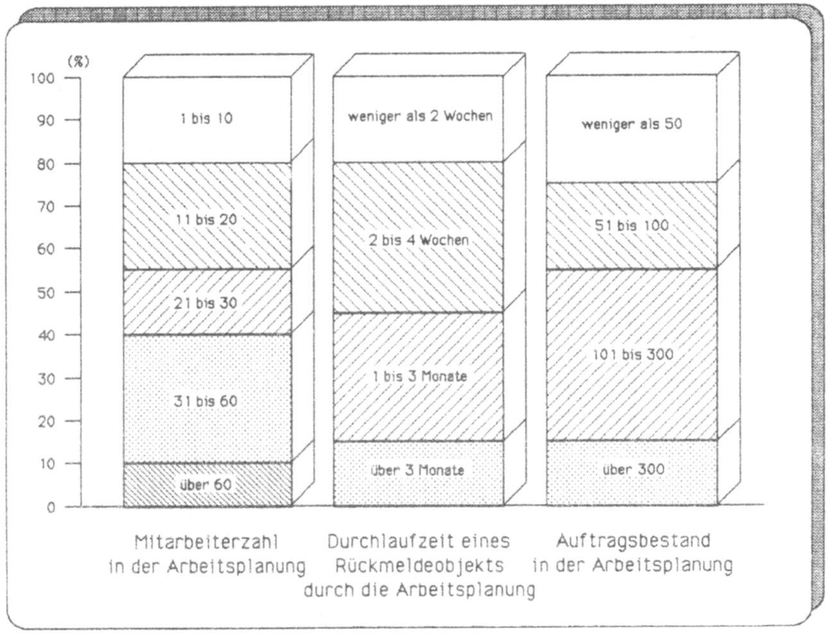

Abb. A2-4: Verteilungen der quantitativen betrieblichen Merkmale bei den untersuchten Betrieben bezüglich der Arbeitsplanung

A3 Kontingenzmatrizen

MATRIX DER KONTINGENZKOEFFZIENTEN

MERKMAL:	1	2	3	4	5	6	7	8	9	10	11	12	13	14	15
1	1.00	0.93	0.84	0.97	0.95	0.88	0.90	0.86	0.90	0.82	0.81	0.96	0.79	0.87	0.72
2	0.93	1.00	0.78	0.95	0.85	0.73	0.84	0.63	1.00	0.76	1.00	0.75	0.88	0.84	0.87
3	0.84	0.78	1.00	0.75	0.84	0.88	0.87	0.80	0.55	0.87	0.81	0.89	0.76	0.91	0.84
4	0.97	0.95	0.75	1.00	0.80	0.79	0.74	0.89	1.00	0.82	0.61	0.87	0.87	0.82	0.55
5	0.95	0.85	0.84	0.80	1.00	0.88	0.98	0.72	0.48	0.86	1.00	0.92	0.49	0.90	0.87
6	0.88	0.73	0.88	0.79	0.88	1.00	0.94	0.72	0.46	0.88	0.79	0.80	0.44	0.95	0.69
7	0.90	0.84	0.87	0.74	0.98	0.94	1.00	0.70	0.42	0.82	1.00	0.87	0.47	0.93	0.87
8	0.86	0.63	0.80	0.89	0.72	0.72	0.70	1.00	0.48	0.96	0.47	0.96	0.49	0.86	0.48
9	0.90	1.00	0.55	1.00	0.48	0.46	0.42	0.48	1.00	0.52	0.20	0.69	1.00	0.69	0.22
10	0.82	0.76	0.87	0.82	0.86	0.88	0.82	0.96	0.52	1.00	0.85	0.90	0.49	0.89	0.75
11	0.81	1.00	0.81	0.61	1.00	0.79	1.00	0.47	0.20	0.85	1.00	0.66	0.35	0.87	1.00
12	0.96	0.75	0.89	0.87	0.92	0.80	0.87	0.96	0.69	0.90	0.66	1.00	0.64	0.92	0.62
13	0.79	0.88	0.76	0.87	0.49	0.44	0.47	0.49	1.00	0.49	0.35	0.64	1.00	0.92	0.87
14	0.87	0.84	0.91	0.82	0.90	0.95	0.93	0.86	0.69	0.89	0.87	0.92	0.92	1.00	0.96
15	0.72	0.87	0.84	0.55	0.87	0.69	0.87	0.48	0.22	0.75	1.00	0.62	0.87	0.96	1.00

__Abb. A3-1:__ Kontingenzmatrix 1

MATRIX DER KONTINGENZKOEFFZIENTEN

MERKMAL:	1	2	3	4	5	6	7	8	9	10	11	12	13
1	1.00	0.93	0.84	0.97	0.95	0.88	0.90	0.86	0.82	0.96	0.79	0.87	0.72
2	0.93	1.00	0.78	0.95	0.85	0.73	0.84	0.63	0.76	0.75	0.88	0.84	0.87
3	0.84	0.78	1.00	0.75	0.84	0.88	0.87	0.80	0.87	0.89	0.76	0.91	0.84
4	0.97	0.95	0.75	1.00	0.80	0.79	0.74	0.89	0.82	0.87	0.87	0.82	0.55
5	0.95	0.85	0.84	0.80	1.00	0.88	0.98	0.72	0.86	0.92	0.49	0.90	0.87
6	0.88	0.73	0.88	0.79	0.88	1.00	0.94	0.72	0.88	0.80	0.44	0.95	0.69
7	0.90	0.84	0.87	0.74	0.98	0.94	1.00	0.70	0.82	0.87	0.47	0.93	0.87
8	0.86	0.63	0.80	0.89	0.72	0.72	0.70	1.00	0.96	0.96	0.49	0.86	0.48
9	0.82	0.76	0.87	0.82	0.86	0.88	0.82	0.96	1.00	0.90	0.49	0.89	0.75
10	0.96	0.75	0.89	0.87	0.92	0.80	0.87	0.96	0.90	1.00	0.64	0.92	0.62
11	0.79	0.88	0.76	0.87	0.49	0.44	0.47	0.49	0.49	0.64	1.00	0.92	0.87
12	0.87	0.84	0.91	0.82	0.90	0.95	0.93	0.86	0.89	0.92	0.92	1.00	0.96
13	0.72	0.87	0.84	0.55	0.87	0.69	0.87	0.48	0.75	0.62	0.87	0.96	1.00

Abb. A3-2: Kontingenzmatrix 2

A4 Erläuterungen zu den Grundformen der BDE je Produktions- und Verwen-
    dungsbereich

Die folgenden Abbildungen A4-1, A4-3, A4-5, A4-7, A4-9, A4-10 und A4-12
stellen in graphischer Weise die bei den Betrieben vorgefundenen Merkmalsausprägungen dar. Jeder Betrieb ist dabei gekennzeichnet durch eine
Verbindungslinie der Felder in der Matrix, die die vorhandene Organisationsstruktur der betrachteten BDE des Betriebes beschreiben. Die in den
einzelnen Matrixpunkten stehenden Zahlen kennzeichnen die Anzahl der
Betriebe, die diese Merkmalsausprägung aufweisen. Aufgeführt werden
dabei nur die Betriebe, bei denen in dem entsprechenden Produktions- und
Verwendungsbereich eine BDE-Organisation existiert.

In den Abbildungen A4-2, A4-4, A4-6, A4-8 und A4-11 sind die Merkmalsausprägungen der abgeleiteten Grundformen der BDE je Produktions- und
Verwendungsbereich aufgeführt.

(1) Bereichsinterne PPS (Konstruktion):

Für die bereichsinterne PPS setzen neun Betriebe ein EDV-System zur
Erfassung von Betriebsdaten ein (siehe Abbildung A4-1). Im Bereich der
belegorientierten BDE werden die Betriebsdaten grundsätzlich durch Handaufschreibung vom Mitarbeiter am Arbeitsplatz erfaßt, während in einem
Fall die bereichsinterne PPS ohne belegorientierte BDE auskommt. Die
Belege sind i.a. neutral. Um eine hohe Genauigkeit und Fehlerfreiheit
der Betriebsdaten sicherzustellen, werden die Belege vorwiegend täglich
ausgefüllt, zum Teil auch ereignisorientiert.

Die Aufschreibung erfolgt dabei meistens als Sammelerfassung mit einem
Schwerpunkt bei der kapazitätsstellenbezogenen Erfassung (78%). Fast
immer erfolgt die Erfassung als Aufwandserfassung (89%) häufig ohne
Korrekturmöglichkeit (67%) der geplanten Daten. Bei dem gemeldeten
Detaillierungsgrad des Bearbeitungsfortschritts ist eine Tendenz zu
erhöhter Genauigkeit hinsichtlich der Auftragsverfolgung festzustellen:
55% der Betriebe melden einzelne Bearbeitungsschritte innerhalb der
Bearbeitungsaufgabe wie z.B. Konzipieren, Detaillieren und Zeichnung
erstellen zurück, während 45% nur die gesamte Bearbeitungsaufgabe in der
Abteilung fertigmelden.

Im Bereich der EDV-unterstützten BDE wird von allen Betrieben, die ein solches System nutzen (89%), spezielles Erfassungspersonal zur Eingabe der Betriebsdaten eingesetzt. In der Mehrzahl der Betriebe geschieht dies in einer anderen Abteilung, z.B. in der Planungsabteilung oder in der EDV-Abteilung. Hier werden die Belege ohne Eingabeunterstützung, wie z.B. mit Barcodelesern möglich wäre, manuell eingegeben. Daneben werden noch bei drei Betrieben die Daten an einem zentralen Platz in der Konstruktion eingegeben, einmal sogar als Direkteingabe, d.h. ohne belegorientierte Vorerfassung. Die Erfassungsfrequenz der EDV-unterstützten BDE ist im Gegensatz zur belegorientierten Vorerfassung erheblich niedriger. Hier teilen sich die Betriebe in zwei gleichgroße Gruppen, die die Daten wöchentlich bzw. monatlich eingeben.

Die aus den betriebsindividuellen Ausprägungen abgeleitete Grundform ist in Abbildung A4-2 widergegeben.

(2) Bereichsübergreifende PPS (Konstruktion):

Eine bereichsübergreifende PPS in der Konstruktion wird bei vierzehn Betrieben durchgeführt (siehe Abbildung A4-3).

Die Mehrzahl der Betriebe (64%) setzt für diesen Verwendungsbereich jedoch keine belegorientierte BDE ein.

Ist eine belegorientierte BDE vorhanden, so füllt in der Regel der Mitarbeiter am Arbeitsplatz einen neutralen Beleg aus, daneben tritt der Fall auf, daß spezielles Erfassungspersonal an einem zentralen Platz in der Abteilung einen vorbereiteten Beleg ausfüllt. Die Erfassungsfrequenz der belegorientierten Erfassung ist vorwiegend ereignisorientiert, d.h. i.a. wird die Endemeldung eines Auftrags in der Konstruktion erfaßt. Dementsprechend ist die Art der Erfassung häufig eine Einzelerfassung (64%), es finden sich aber daneben auch noch auftrags- und kapazitätsstellenbezogene Sammelerfassungen.

Entsprechend dem hohen Anteil an ereignisorientierter Einzelerfassung wie auch bei einem Teil der auftragsbezogenen Sammelerfassung beziehen sich die Rückmeldungen auf den Beginn- und/oder Endtermin eines Auftrags in der Abteilung, die wiederum in der Regel ohne Korrektur der Planungsgrößen gemacht werden. Bereichsübergreifend wird mit hohem Anteil (71%) die Bearbeitungsaufgabe als Ganzes erfaßt. Nur vereinzelt (29%), wie z.B. bei sehr hohen Durchlaufzeiten, werden auch einzelne Bearbeitungsschritte verfolgt.

In der Regel wird das Rückmeldeobjekt als Gesamtauftrag verfolgt(79%), jedoch findet auch die Möglichkeit Anwendung (21%), einzelne spezifizierte Teilaufträge zu unterscheiden und getrennt zu verfolgen.

Im Rahmen der EDV-unterstützten BDE liegt das Schwergewicht der Erfassung wieder bei dem speziellen Erfassungspersonal, obwohl als Alternativen auch die nachfolgende Stelle, d.h. also die Arbeitsplanung, zurückmelden kann oder die Betriebsdaten aus einem anderen Betriebsdatenverwendungsbereich, hier der bereichsinternen PPS, bereitgestellt werden. Erfassungsort kann dementsprechend beim Erfassungspersonal ein zentraler Platz in der Konstruktion oder wie bei der nachfolgenden Stelle und dem anderen Betriebsdatenverwendungsbereich eine andere Abteilung sein.

Die Erfassungstechnik variiert bei der EDV-unterstützten BDE sehr stark. Schwerpunkte existieren bei der manuellen Eingabe ins EDV-System aufgrund einer belegorientierten Vorerfassung ohne Eingabeunterstützung sowie bei der manuellen Eingabe aufgrund von Arbeitsunterlagen ohne Eingabeunterstützung. Daneben treten vereinzelt noch die Direkteingabe ohne manuelle Vorerfassung sowie die Eingabe aufgrund von Arbeitsunterlagen mit Eingabeunterstützung und die Eingabe aufgrund einer EDV-Liste aus einem anderen Verwendungsbereich auf. In dem Falle, in dem die Betriebsdaten EDV-mäßig von einem anderen Betriebsdatenverwendungsbereich (konstruktionsinterne PPS) zur Verfügung gestellt werden, erfolgt die Erfassung über eine Rechner- bzw. Programmkopplung. Bei der Erfassungsfrequenz der EDV-unterstützten BDE ist wieder ein Schwerpunkt bei der ereignisorientierten Erfassung festzustellen (64%), daneben existieren noch vereinzelt die wöchentliche, dekadische und monatliche Erfassungsfrequenz.

Für die bereichsübergreifende PPS ergeben sich in der Konstruktion somit zwei Grundformen der BDE, deren Ausprägungen in Abbildung A4-4 dargestellt sind, unterschieden durch Links- und Rechtsschraffur.

(3) Planzeitermittlung_(Konstruktion)

Eine Planzeitermittlung in der Konstruktion führen nur fünf der untersuchten zwanzig Betriebe durch. Abbildung A4-5 zeigt die betriebsindividuellen organisatorischen Gestaltungsformen.

Hieraus lassen sich zwei Grundformen ableiten, deren Ausprägungen aus
Abbildung A4-6 ersichtlich sind.

(4) Kostenrechnung_(Konstruktion):

Abbildung A4-7 zeigt die organisatorischen Gestaltungsformen der BDE für
die Kostenrechnung in der Konstruktion, wie sie in elf der untersuchten
Betriebe angetroffen wurde.

Auch hier ergeben sich wieder zwei Grundformen, deren Merkmalsausprägungen in Abbildung A4-8 dargestellt sind.

(5) bereichsinterne_PPS_(Arbeitsplanung):

Eine bereichsinterne PPS in der Arbeitsplanung führen drei Betriebe
durch. Zwei von diesen Betrieben haben keine belegorientierte BDE. Wie
aber aus Abbildung A4-9 ersichtlich ist, lassen sich kaum Gemeinsamkeiten der Betriebe erkennen, so daß auf eine Bildung von Grundformen
hier verzichtet werden muß. Im folgenden wird die organisatorische Gestaltung für die drei Betriebe kurz beschrieben:

Beim ersten Betrieb füllt der Mitarbeiter in der Arbeitsplanung täglich
an seinem Arbeitsplatz einen neutralen Beleg aus. Auf diesem Beleg wird
kapazitätsstellenbezogen der für jeden Auftrag geleistete Aufwand eingetragen. Eine Korrektur der Planvorgaben ist dabei nicht vorgesehen. Die
Bearbeitungsaufgabe sowie der Auftrag werden als Ganzes betrachtet. Die
Belege werden dann von speziellem Erfassungspersonal in einer anderen
Abteilung im wöchentlichen Zyklus manuell ohne Eingabeunterstützung in
das EDV-System eingegeben.

Im zweiten Betrieb gibt spezielles Erfassungspersonal die Betriebsdaten
in Form der Einzelerfassung direkt in das EDV-System ein. Die Erfas-

sungsfrequenz ist dekadisch. Erfaßt wird der Endtermin eines Auftrages sowie eventuelle Korrekturen der Planvorgaben. Der Bearbeitungsfortschritt eines Auftrags wird nach der Fertigstellung der einzelnen Bearbeitungsschritte sowie getrennt für alle Einzelteile erfaßt.

Der dritte Betrieb nutzt zur EDV-unterstützten BDE die in der Arbeitsplanung erstellten Arbeitsunterlagen. Diese werden in ein PPS-System eingegeben und zur BDE durch Programmkopplung ereignisorientiert bereitgestellt. Die Erfassung erfolgt ebenfalls detailliert für jedes Einzelteil eines Auftrags, jedoch immer erst nach der Fertigstellung der gesamten Bearbeitungsaufgabe.

Die detailliertere Erfassung der Bearbeitungsaufgabe im zweiten Betrieb ergibt sich aus den relativ hohen Durchlaufzeiten der Arbeitsplanung. Die weiter stark unterschiedliche Ausgestaltung der Organisation der BDE in der Arbeitsplanung zeigt, daß dieses Gebiet noch weitgehend Neuland für die Anwendung der BDE ist. Es lassen sich keine tendenziellen Aussagen machen, vielmehr ist in allen drei Betrieben ein unterschiedlicher Weg zun Aufbau eines EDV-Systems mit BDE-Funktionen gewählt worden. Gemeinsam ist jedoch allen Betrieben, daß sie neben einem hohen Umsatz (über 300 Mio.) auch eine deutlich über dem Durchschnitt liegende hohe Beschäftigtenzahl im Bereich Arbeitsplanung haben.

(6) bereichsübergreifende PPS (Arbeitsplanung):

Die in zehn Betrieben angetroffenen Gestaltungsformen der BDE sind in Abbildung A4-10 widergegeben, die Merkmalsausprägungen der zugehörigen zwei Grundformen in Abbildung A4-11.

(7) Planzeitermittlung (Arbeitsplanung):

Hierzu wurden bei keinem der untersuchten Betriebe Betriebsdaten erfaßt.

(8) Kostenrechnung (Arbeitsplanung):

Betriebsdaten für die Kostenrechnung erfaßt nur ein Betrieb in der Arbeitsplanung. Abbildung A4-12 zeigt die organisatorische Gestaltung der BDE für diesen Verwendungsbereich.

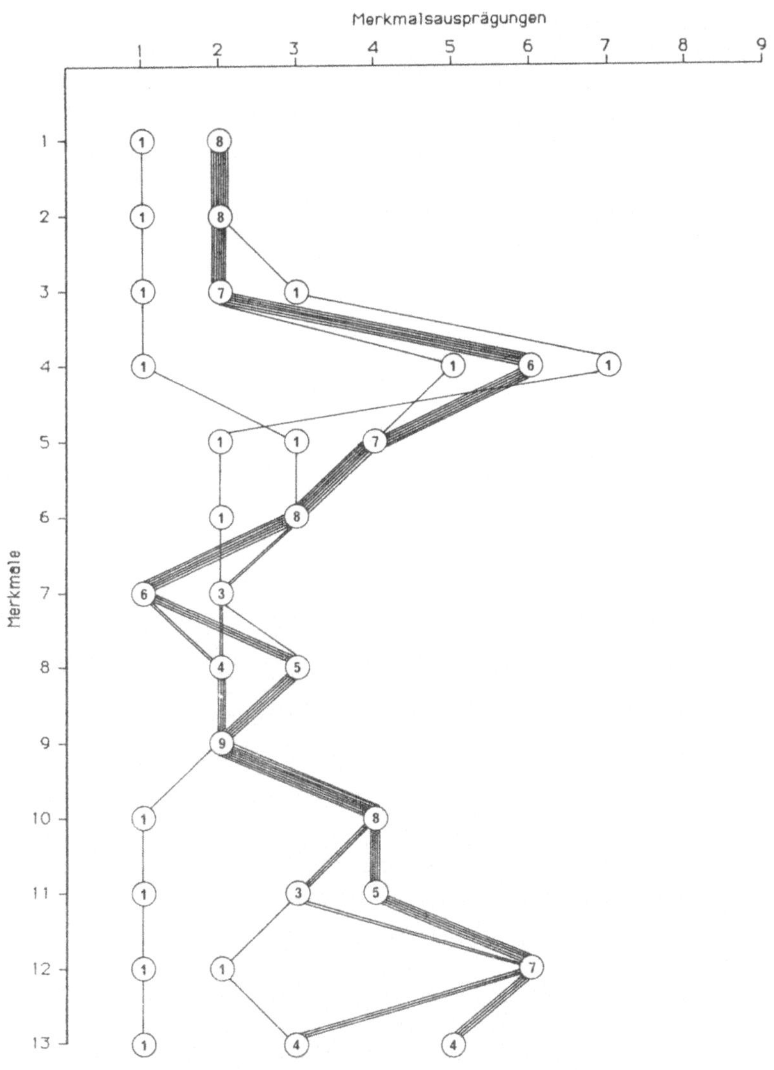

Abb. A4-1: Formen der BDE-Organisation für die bereichsinterne PPS in der Konstruktion

	Merkmale	1	2	3	4	5	6	7	8	9
belegorientierte BDE	1 Erfassungs-schnittstelle	keine Erfassung	Mitarbeiter	Gruppen-/ Abteilungs-leiter	spezielles Erfassungs-personal	nachfolgender Produktions-bereich				
	2 Erfassungs-ort	keine Erfassung	am Arbeits-platz	zentraler Platz in der Gruppe/ Abteilung	in anderer Abteilung					
	3 Erfassungs-technik	keine Erfassung	Ausfüllen von neutralen Belegen	Ausfüllen von vorbereiteten Belegen						
	4 Erfassungs-frequenz	keine Erfassung	bedarfsweise	monatlich	dekadisch	wöchentlich	täglich	ereignis-orientiert		
	5 Art der Erfassung	keine Erfassung	Einzel-erfassung	objekt-bezogene Sammel-erfassung	kapazitäts-bezogene Sammel-erfassung					
	6 Inhalt der Erfassung	keine Erfassung	Beginn-/ Endtermin	geleisteter Aufwand	Termin und Aufwand					
	7 Bearbeitungs-begleitende Korrektur von Planungsgrößen	keine Erfassung	Termin-/ Aufwands-korrektur	Termin- und Aufwands-korrektur						
	8 Detaillierungs-grad des Bearbeitungs-fortschritts	keine Erfassung	gesamte Bearbeitungs-aufgabe	einzelne Bearbeitungs-schritte						
	9 Detaillierungs-grad des Rückmelde-objekts	keine Erfassung	Gesamt-auftrag	Erfassung spezifizierter Teilaufträge	Erfassung einzelner kritischer Teile	Erfassung aller Einzelteile				
EDV-unterstützte BDE	10 Erfassungs-schnittstelle	keine Erfassung	Mitarbeiter	Gruppen-/ Abteilungs-leiter	spezielles Erfassungs-personal	nachfolgender Produktions-bereich	anderer Betriebsdaten-verwendungs-bereich	CAD-/ CAP- / PPS- System		
	11 Erfassungs-ort	keine Erfassung	am Arbeitsplatz	zentraler Platz in der Gruppe / Abteilung	in anderer Abteilung					
	12 Erfassungs-technik	keine Erfassung	Direkteingabe — ohne Eingabe-unterstützung	Direkteingabe — mit Eingabe-unterstützung	Meldung aufgrund von Arbeitsunterlagen — ohne Eingabe-unterstützung	Meldung aufgrund von Arbeitsunterlagen — mit Eingabe-unterstützung	Eingabe von Belegen der manuellen Vorerfassung — ohne Eingabe-unterstützung	Eingabe von Belegen der manuellen Vorerfassung — mit Eingabe-unterstützung	EDV-Liste aus anderem Verwendungs-bereich	Rechner-/ Programm-kopplung
	13 Erfassungs-frequenz	keine Erfassung	bedarfsweise	monatlich	dekadisch	wöchentlich	täglich	ereignis-orientiert		

(Merkmal 4 und 13: die Ausprägungen monatlich / dekadisch / wöchentlich / täglich / ereignis-orientiert sind unter "periodisch" zusammengefasst.)

Abb. A4-2: Grundform der BDE für die bereichsinterne PPS in der Konstruktion

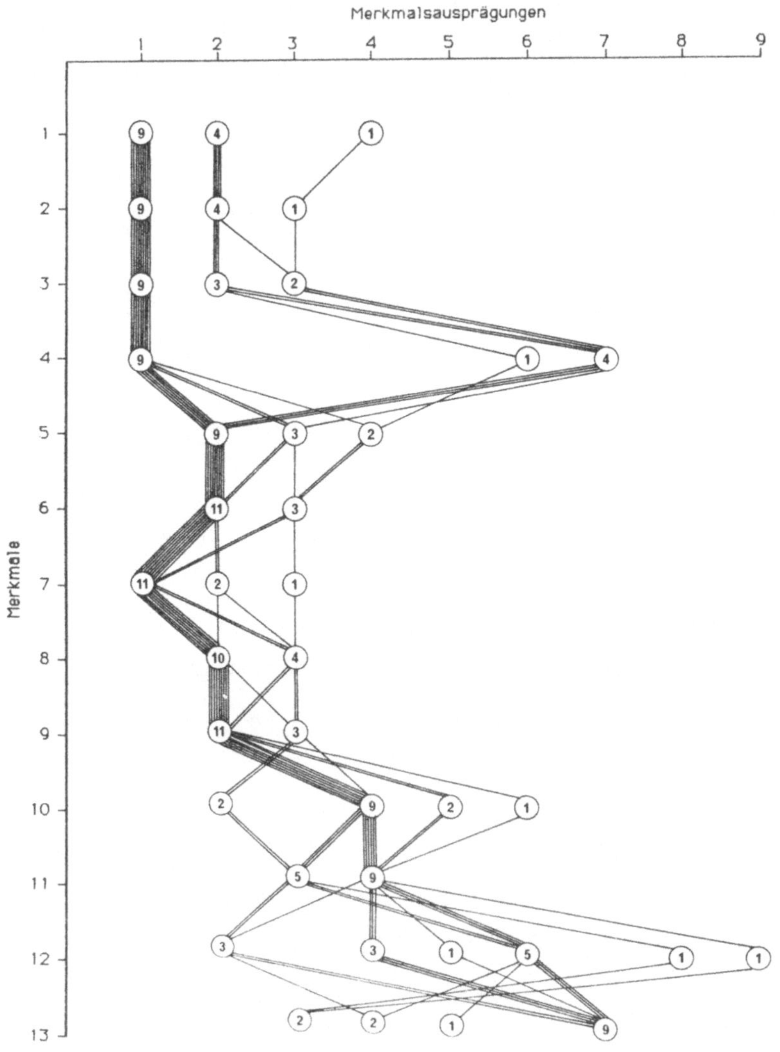

Abb. A4-3: Formen der BDE-Organisation für die bereichsübergreifende PPS in der Konstruktion

Merkmale	1	2	3	4	5	6	7	8	9
belegorientierte BDE									
1 Erfassungsschnittstelle	keine Erfassung	Mitarbeiter	Gruppen-/Abteilungsleiter	spezielles Erfassungspersonal	nachfolgender Produktionsbereich				
2 Erfassungsort	keine Erfassung	am Arbeitsplatz	zentraler Platz in der Gruppe/Abteilung	in anderer Abteilung					
3 Erfassungstechnik	keine Erfassung	Ausfüllen von neutralen Belegen	Ausfüllen von vorbereiteten Belegen						
4 Erfassungsfrequenz	keine Erfassung	bedarfsweise	monatlich (periodisch)	dekadisch	wöchentlich	täglich	ereignisorientiert		
5 Art der Erfassung	keine Erfassung	Einzelerfassung	objektbezogene Sammelerfassung	kapazitätsbezogene Sammelerfassung					
6 Inhalt der Erfassung	keine Erfassung	Beginn-/Endtermin	geleisteter Aufwand	Termin und Aufwand					
7 Bearbeitungsbegleitende Korrektur von Planungsgrößen	keine Erfassung	Termin-/Aufwandskorrektur	Termin- und Aufwandskorrektur						
8 Detaillierungsgrad des Bearbeitungsfortschritts	keine Erfassung	gesamte Bearbeitungsaufgabe	einzelne Bearbeitungsschritte						
9 Detaillierungsgrad des Rückmeldeobjekts	keine Erfassung	Gesamtauftrag	Erfassung spezifizierter Teilaufträge	Erfassung einzelner kritischer Teile	Erfassung aller Einzelteile				
EDV-unterstützte BDE									
10 Erfassungsschnittstelle	keine Erfassung	Mitarbeiter	Gruppen-/Abteilungsleiter	spezielles Erfassungspersonal	nachfolgender Produktionsbereich	anderer Betriebsdatenverwendungsbereich	CAD-/CAP-/PPS-System		
11 Erfassungsort	keine Erfassung	am Arbeitsplatz	zentraler Platz in der Gruppe/Abteilung	in anderer Abteilung					
12 Erfassungstechnik	keine Erfassung	Direkteingabe: ohne Eingabeunterstützung	mit Eingabeunterstützung	Meldung aufgrund von Arbeitsunterlagen: ohne Eingabeunterstützung	mit Eingabeunterstützung	Eingabe von Belegen der manuellen Vorerfassung: ohne Eingabeunterstützung	mit Eingabeunterstützung	EDV-Liste aus anderem Verwendungsbereich	Rechner-/Programmkopplung
13 Erfassungsfrequenz	keine Erfassung	bedarfsweise	monatlich (periodisch)	dekadisch	wöchentlich	täglich	ereignisorientiert		

Merkmalsausprägungen

Abb. A4-4: Grundformen der BDE für die bereichsübergreifende PPS in der Konstruktion

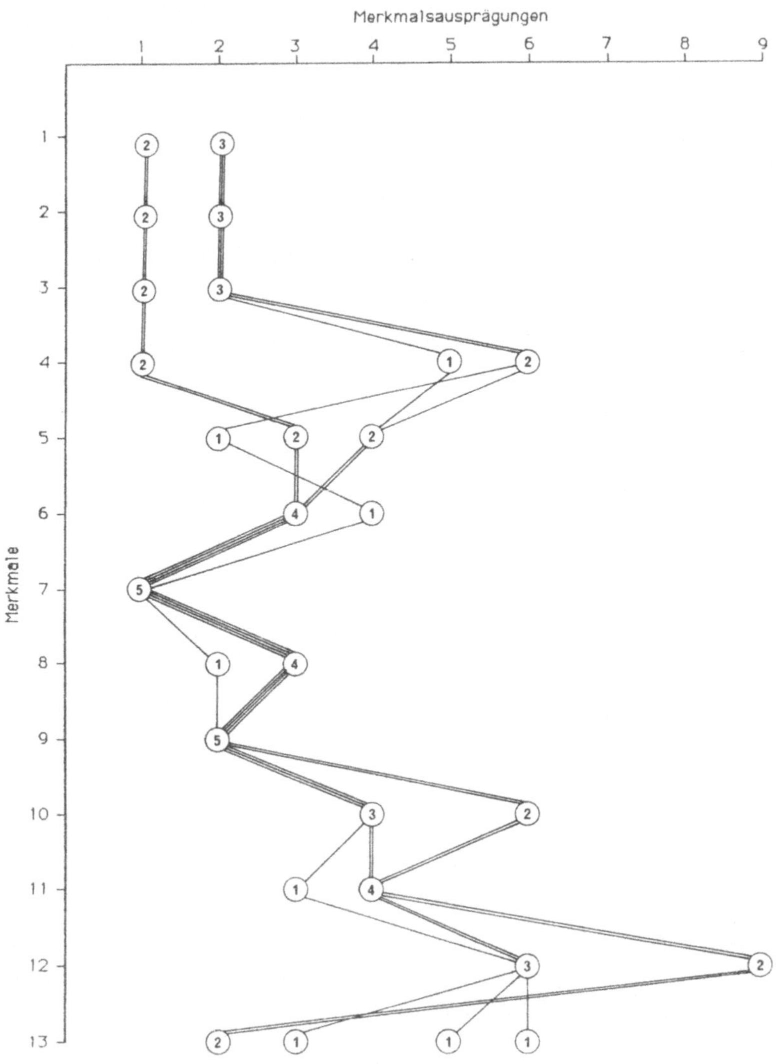

Abb. A4-5: Formen der BDE-Organisation für die Planzeitermittlung in der Konstruktion

Merkmale / **Merkmalsausprägungen**

BDE-Typ	Nr	Merkmal	1	2	3	4	5	6	7	8	9
belegorientierte BDE	1	Erfassungsschnittstelle	keine Erfassung	Mitarbeiter	Gruppen-/Abteilungsleiter	spezielles Erfassungspersonal	nachfolgender Produktionsbereich				
	2	Erfassungsort	keine Erfassung	am Arbeitsplatz	zentraler Platz in der Gruppe/Abteilung	in anderer Abteilung					
	3	Erfassungstechnik	keine Erfassung	Ausfüllen von neutralen Belegen	Ausfüllen von vorbereiteten Belegen						
	4	Erfassungsfrequenz	keine Erfassung	bedarfsweise	monatlich	dekadisch	wöchentlich	täglich	ereignis-orientiert		
	5	Art der Erfassung	keine Erfassung	Einzelerfassung	objektbezogene Sammelerfassung	kapazitätsbezogene Sammelerfassung					
	6	Inhalt der Erfassung	keine Erfassung	Beginn-/Endtermin	geleisteter Aufwand	Termin und Aufwand					
	7	Bearbeitungsbegleitende Korrektur von Planungsgrößen	keine Erfassung	Termin-/Aufwandskorrektur	Termin- und Aufwandskorrektur						
	8	Detaillierungsgrad des Bearbeitungsfortschritts	keine Erfassung	gesamte Bearbeitungsaufgabe	einzelne Bearbeitungsschritte						
	9	Detaillierungsgrad des Rückmeldeobjekts	keine Erfassung	Gesamtauftrag	Erfassung spezifizierter Teilaufträge	Erfassung einzelner kritischer Teile	Erfassung aller Einzelteile				
EDV-unterstützte BDE	10	Erfassungsschnittstelle	keine Erfassung	Mitarbeiter	Gruppen-/Abteilungsleiter	spezielles Erfassungspersonal	nachfolgender Produktionsbereich	anderer Betriebsdatenverwendungsbereich	CAD-/CAP-/PPS-System		
	11	Erfassungsort	keine Erfassung	am Arbeitsplatz	zentraler Platz in der Gruppe/Abteilung	in anderer Abteilung					
	12	Erfassungstechnik	keine Erfassung	ohne Eingabeunterstützung	mit Eingabeunterstützung	ohne Eingabeunterstützung	mit Eingabeunterstützung	ohne Eingabeunterstützung	mit Eingabeunterstützung	EDV-Liste aus anderem Verwendungsbereich	Rechner-/Programmkopplung
	13	Erfassungsfrequenz	keine Erfassung	bedarfsweise	monatlich	dekadisch	wöchentlich	täglich	ereignis-orientiert		

Anmerkungen: Bei Merkmal 4 und 13 sind die Ausprägungen "monatlich", "dekadisch", "wöchentlich" und "täglich" unter "periodisch" zusammengefasst. Bei Merkmal 12 sind die Ausprägungen 2–3 unter "Direkteingabe", 4–5 unter "Meldung aufgrund von Arbeitsunterlagen" und 6–7 unter "Eingabe von Belegen der manuellen Vorerfassung" zusammengefasst.

Abb. A4-6: Grundformen der BDE für die Planzeitermittlung in der Konstruktion

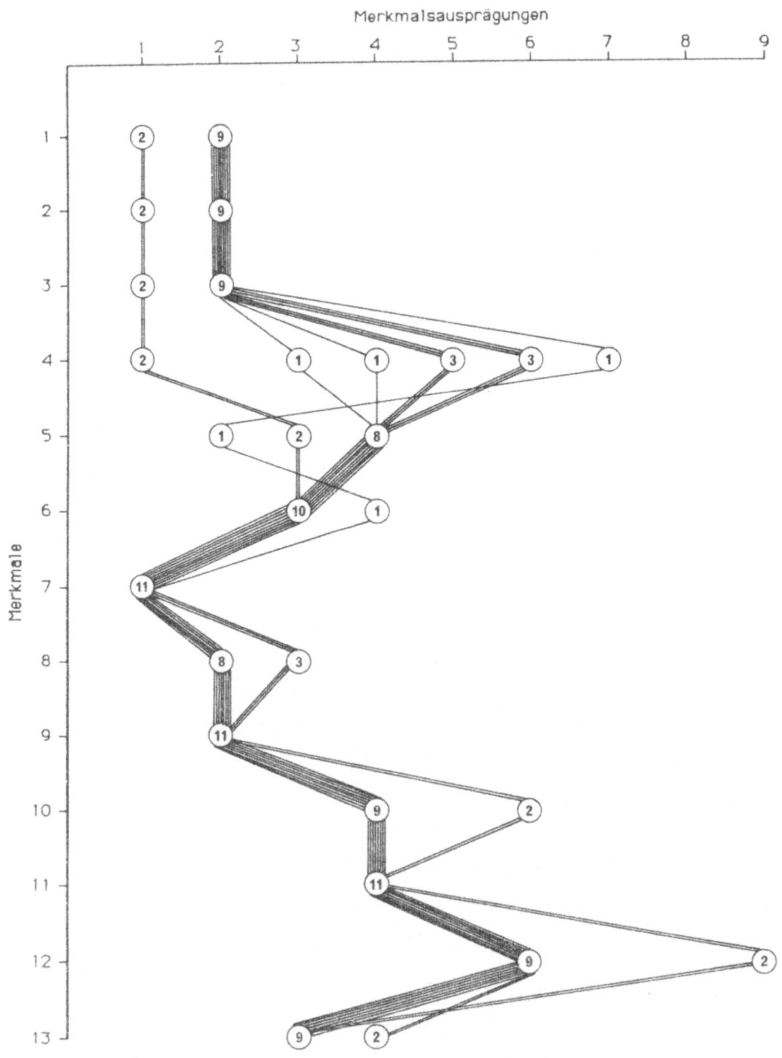

Abb. A4-7: Formen der BDE-Organisation für die Kostenrechnung in der Konstruktion

Merkmale	Merkmalsausprägungen 1	2	3	4	5	6	7	8	9
1 Erfassungs-schnittstelle	keine Erfassung	Mitarbeiter	Gruppen-/ Abteilungs-leiter	spezielles Erfassungs-personal	nachfolgender Produktions-bereich				
2 Erfassungs-ort	keine Erfassung	am Arbeits-platz	zentraler Platz in der Gruppe/ Abteilung	in anderer Abteilung					
3 Erfassungs-technik	keine Erfassung	Ausfüllen von neutralen Belegen	Ausfüllen von vorbereiteten Belegen						
4 Erfassungs-frequenz	keine Erfassung	bedarfsweise	periodisch: monatlich	periodisch: dekadisch	periodisch: wöchentlich	periodisch: täglich	ereignis-orientiert		
5 Art der Erfassung	keine Erfassung	Einzel-erfassung	objekt-bezogene Sammel-erfassung	kapazitäts-bezogene Sammel-erfassung					
6 Inhalt der Erfassung	keine Erfassung	Beginn- / Endtermin	geleisteter Aufwand	Termin und Aufwand					
7 Bearbeitungs-begleitende Korrektur von Planungsgrößen	keine Erfassung	Termin- / Aufwands-korrektur	Termin- und Aufwands-korrektur						
8 Detaillierungs-grad des Bearbeitungs-fortschritts	keine Erfassung	gesamte Bearbeitungs-aufgabe	einzelne Bearbeitungs-schritte						
9 Detaillierungs-grad des Rückmelde-objekts	keine Erfassung	Gesamt-auftrag	Erfassung spezifizierter Teilaufträge	Erfassung einzelner kritischer Teile	Erfassung aller Einzelteile				
10 Erfassungs-schnittstelle	keine Erfassung	Mitarbeiter	Gruppen-/ Abteilungs-leiter	spezielles Erfassungs-personal	nachfolgender Produktions-bereich	anderer Betriebsdaten-verwendungs-bereich	CAD-/ CAP- / PPS- System		
11 Erfassungs-ort	keine Erfassung	am Arbeitsplatz	zentraler Platz in der Gruppe / Abteilung	in anderer Abteilung					
12 Erfassungs-technik	keine Erfassung	Direkteingabe: ohne Eingabe-unterstützung	Direkteingabe: mit Eingabe-unterstützung	Meldung aufgrund von Arbeitsunterlagen: ohne Eingabe-unterstützung	Meldung aufgrund von Arbeitsunterlagen: mit Eingabe-unterstützung	Eingabe von Belegen der manuellen Vorerfassung: ohne Eingabe-unterstützung	Eingabe von Belegen der manuellen Vorerfassung: mit Eingabe-unterstützung	EDV-Liste aus anderem Verwendungs-bereich	Rechner-/ Programm-kopplung
13 Erfassungs-frequenz	keine Erfassung	bedarfsweise	periodisch: monatlich	periodisch: dekadisch	periodisch: wöchentlich	periodisch: täglich	ereignis-orientiert		

belegorientierte BDE

EDV-unterstützte BDE

Abb. A4-8: Grundformen der BDE für die Kostenrechnung in der Konstruktion

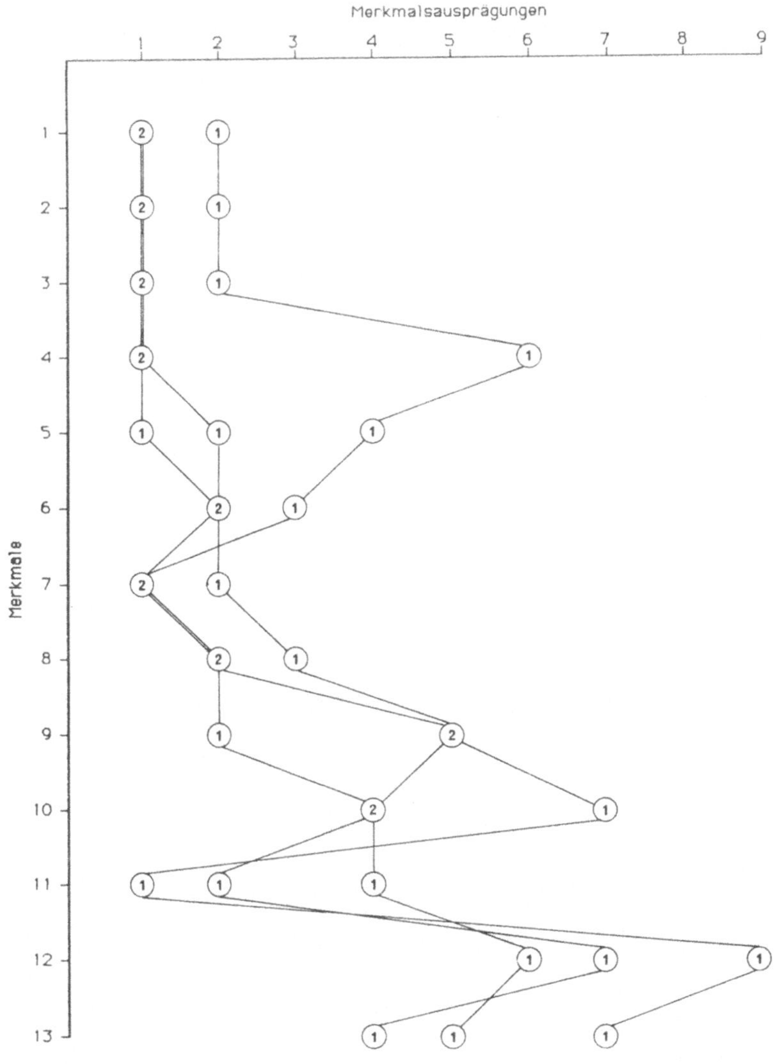

Abb. A4-9: Formen der BDE-Organisation für die bereichsinterne PPS in der Arbeitsplanung

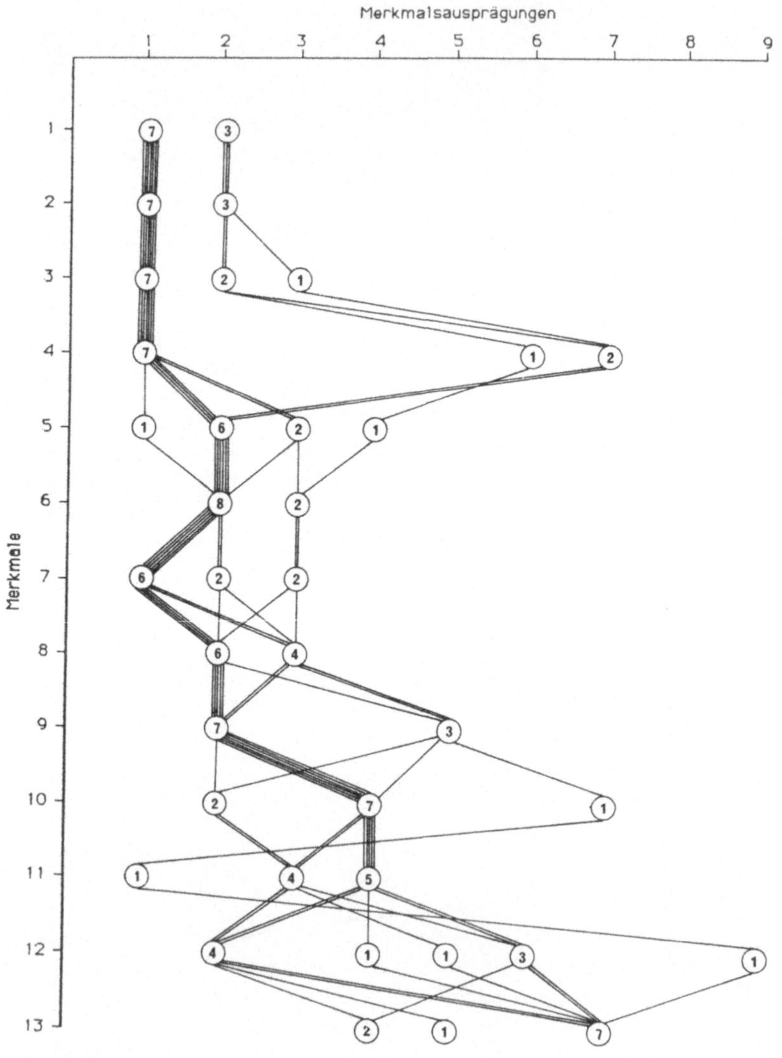

Abb. A4-10: Formen der BDE-Organisation für die bereichsübergreifende PPS in der Arbeitsplanung

Merkmale		Merkmalsausprägungen								
		1	2	3	4	5	6	7	8	9
1	Erfassungs-schnittstelle	keine Erfassung	Mitarbeiter	Gruppen-/Abteilungsleiter	spezielles Erfassungspersonal	nachfolgender Produktionsbereich				
2	Erfassungsort	keine Erfassung	am Arbeitsplatz	zentraler Platz in der Gruppe/Abteilung	in anderer Abteilung					
3	Erfassungstechnik	keine Erfassung	Ausfüllen von neutralen Belegen	Ausfüllen von vorbereiteten Belegen						
4	Erfassungsfrequenz	keine Erfassung	bedarfsweise	monatlich (periodisch)	dekadisch (periodisch)	wöchentlich (periodisch)	täglich (periodisch)	ereignis-orientiert		
5	Art der Erfassung	keine Erfassung	Einzelerfassung	objektbezogene Sammelerfassung	kapazitätsbezogene Sammelerfassung					
6	Inhalt der Erfassung	keine Erfassung	Beginn-/Endtermin	geleisteter Aufwand	Termin und Aufwand					
7	Bearbeitungsbegleitende Korrektur von Planungsgrößen	keine Erfassung	Termin-/Aufwandskorrektur	Termin- und Aufwandskorrektur						
8	Detaillierungsgrad des Bearbeitungsfortschritts	keine Erfassung	gesamte Bearbeitungsaufgabe	einzelne Bearbeitungsschritte						
9	Detaillierungsgrad des Rückmeldeobjekts	keine Erfassung	Gesamtauftrag	Erfassung spezifizierter Teilaufträge	Erfassung einzelner kritischer Teile	Erfassung aller Einzelteile				
10	Erfassungsschnittstelle	keine Erfassung	Mitarbeiter	Gruppen-/Abteilungsleiter	spezielles Erfassungspersonal	nachfolgender Produktionsbereich	anderer Betriebsdatenverwendungsbereich	CAD-/CAP-/PPS-System		
11	Erfassungsort	keine Erfassung	am Arbeitsplatz	zentraler Platz in der Gruppe/Abteilung	in anderer Abteilung					
12	Erfassungstechnik	keine Erfassung	ohne Eingabeunterstützung (Direkteingabe)	mit Eingabeunterstützung (Direkteingabe)	ohne Eingabeunterstützung (Meldung aufgrund von Arbeitsunterlagen)	mit Eingabeunterstützung (Meldung aufgrund von Arbeitsunterlagen)	ohne Eingabeunterstützung (Eingabe von Belegen der manuellen Vorerfassung)	mit Eingabeunterstützung (Eingabe von Belegen der manuellen Vorerfassung)	EDV-Liste aus anderem Verwendungsbereich	Rechner-/Programmkopplung
13	Erfassungsfrequenz	keine Erfassung	bedarfsweise	monatlich (periodisch)	dekadisch (periodisch)	wöchentlich (periodisch)	täglich (periodisch)	ereignis-orientiert		

Gruppierung (linke Spalte): Zeilen 1–9: belegorientierte BDE; Zeilen 10–13: EDV-unterstützte BDE

Abb. A4-11: Grundformen der BDE für die bereichsübergreifende PPS in der Arbeitsplanung

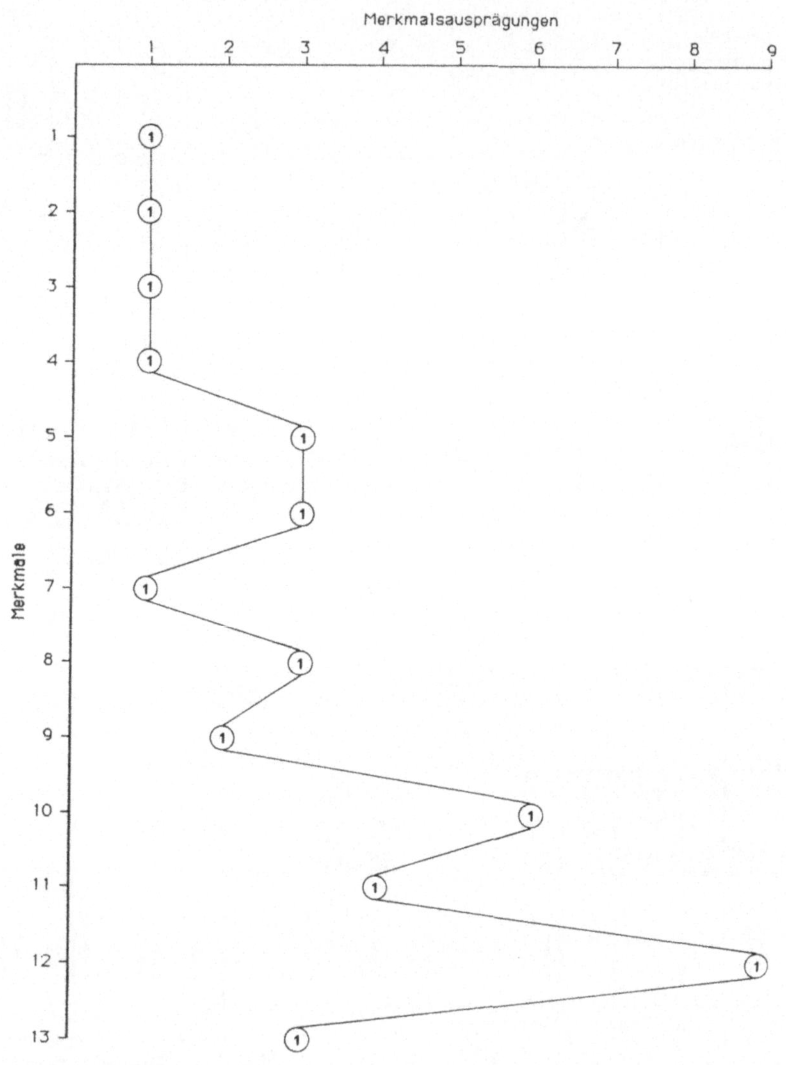

<u>Abb. A4-12:</u> Form der BDE-Organisation für die Kostenrechnung
in der Arbeitsplanung

A5 Anforderungen der Produktions- und Verwendungsbereiche an die organisatorische Gestaltung der BDE

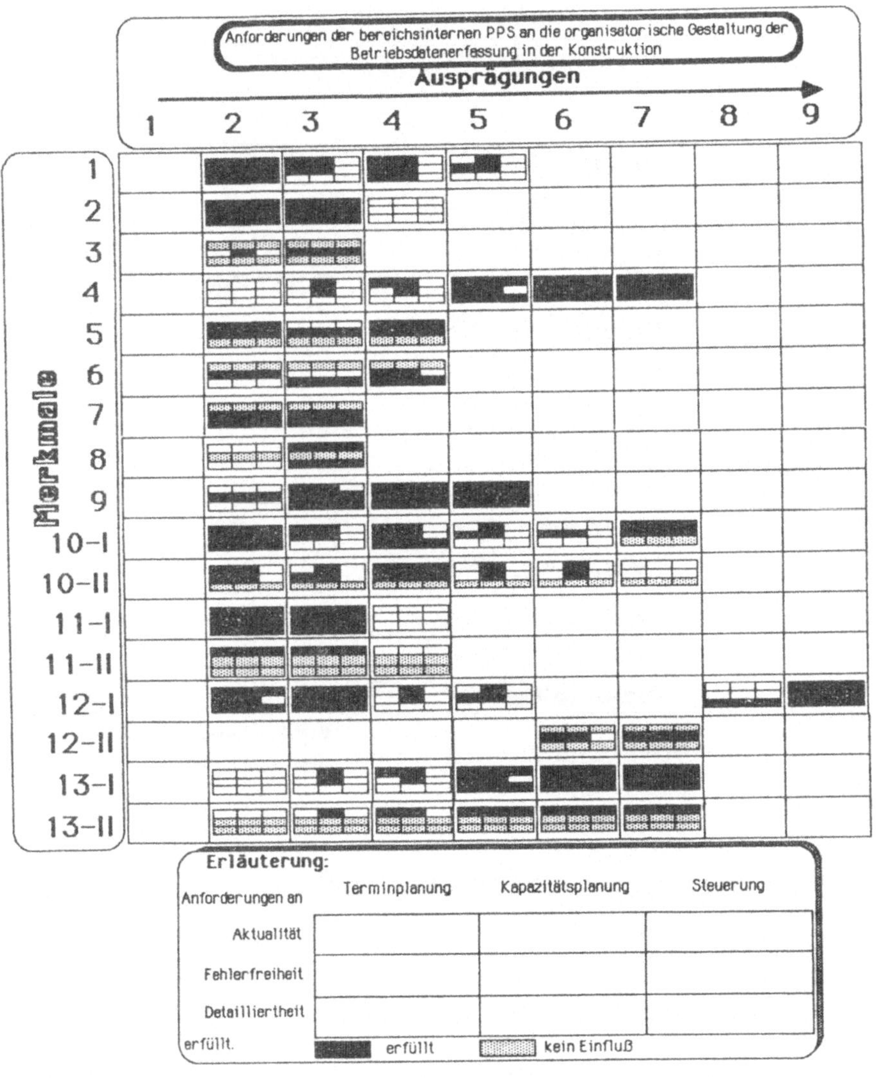

Abb. A5-1: Anforderungen der bereichsinternen PPS an die organisatorische Gestaltung der BDE in der Konstruktion

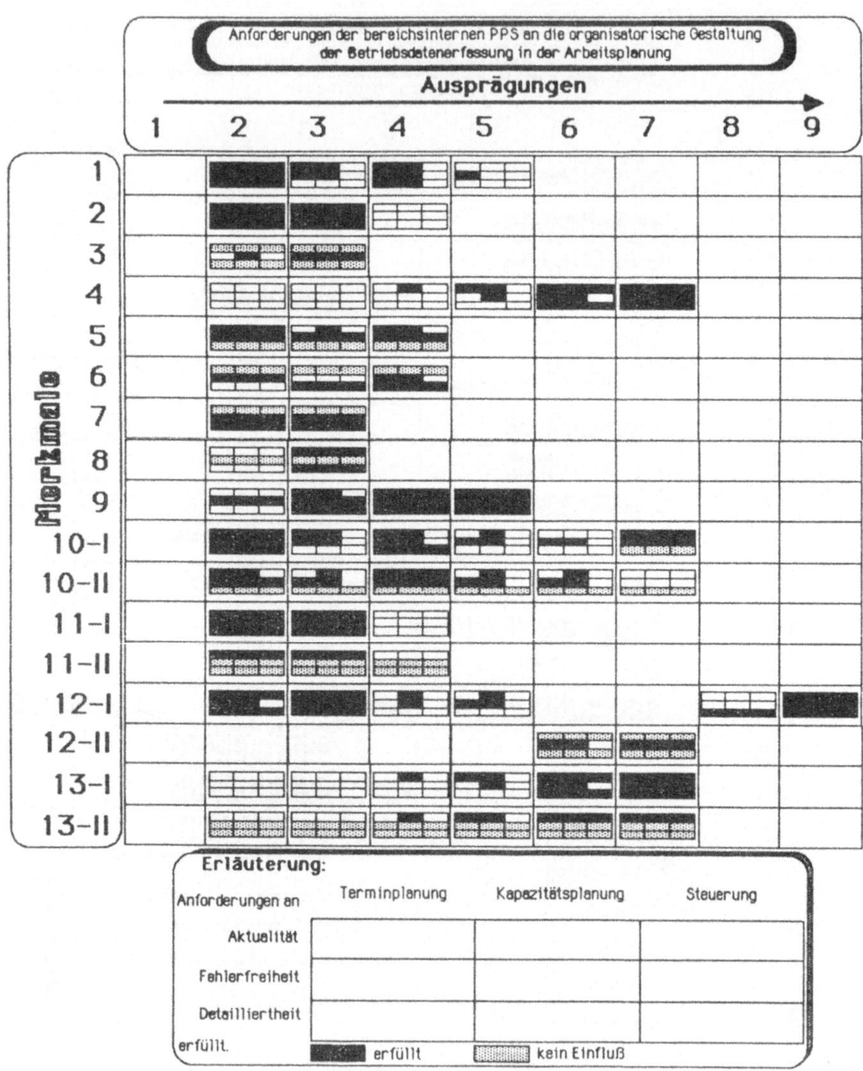

Abb. A5-2: Anforderungen der bereichsinternen PPS an die organisatorische Gestaltung der BDE in der Arbeitsplanung

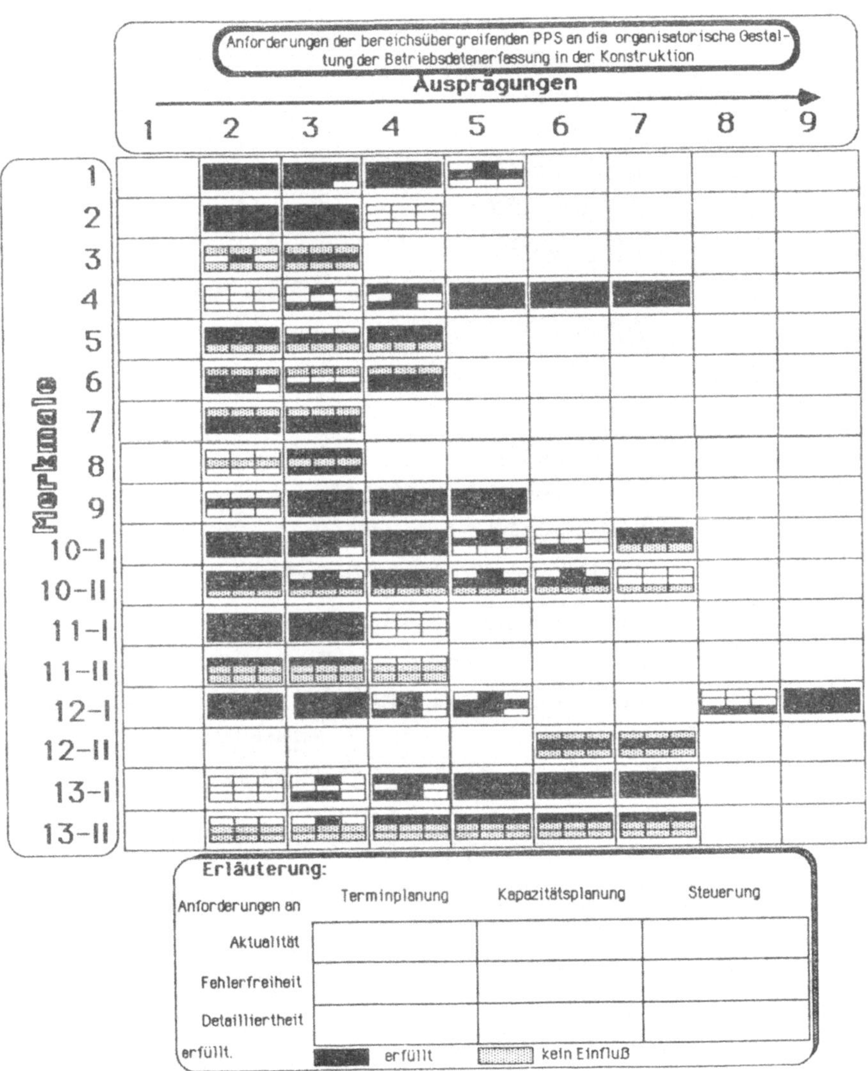

Abb. A5-3: Anforderungen der bereichsübergreifenden PPS an die organisatorische Gestaltung der BDE in der Konstruktion

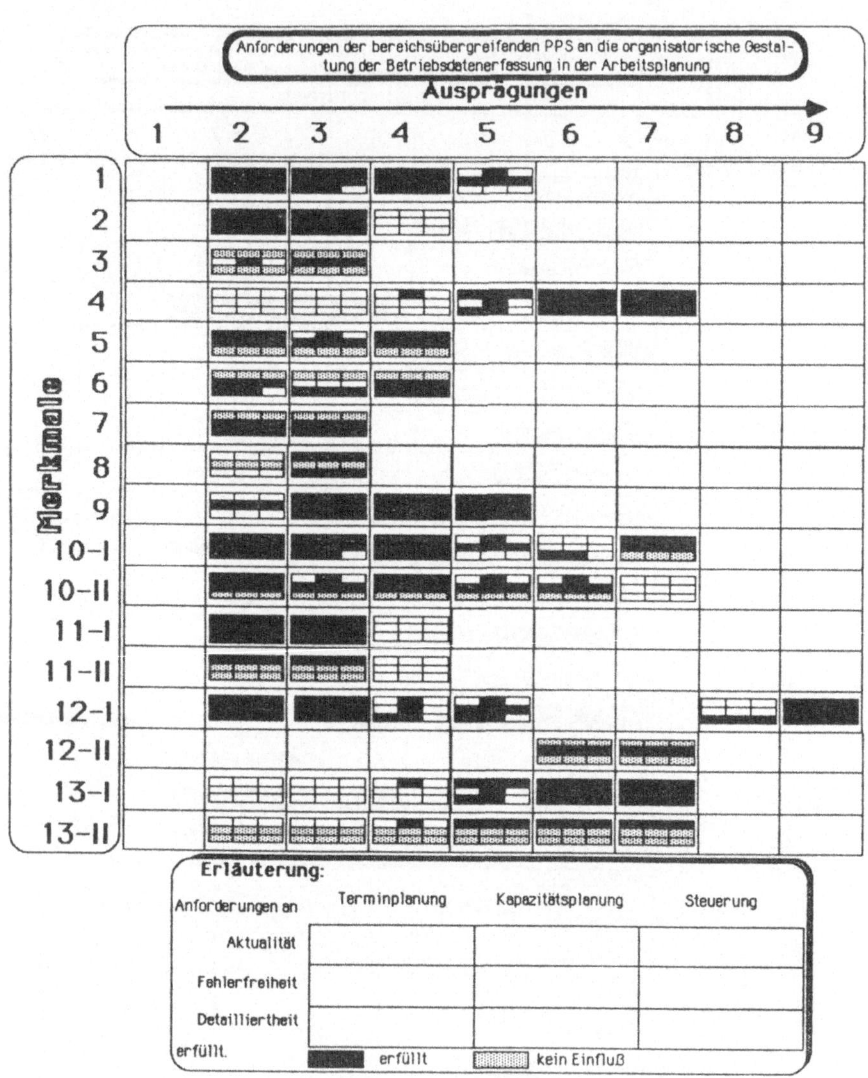

Abb. A5-4: Anforderungen der bereichsübergreifenden PPS an die organisatorische Gestaltung der BDE in der Arbeitsplanung

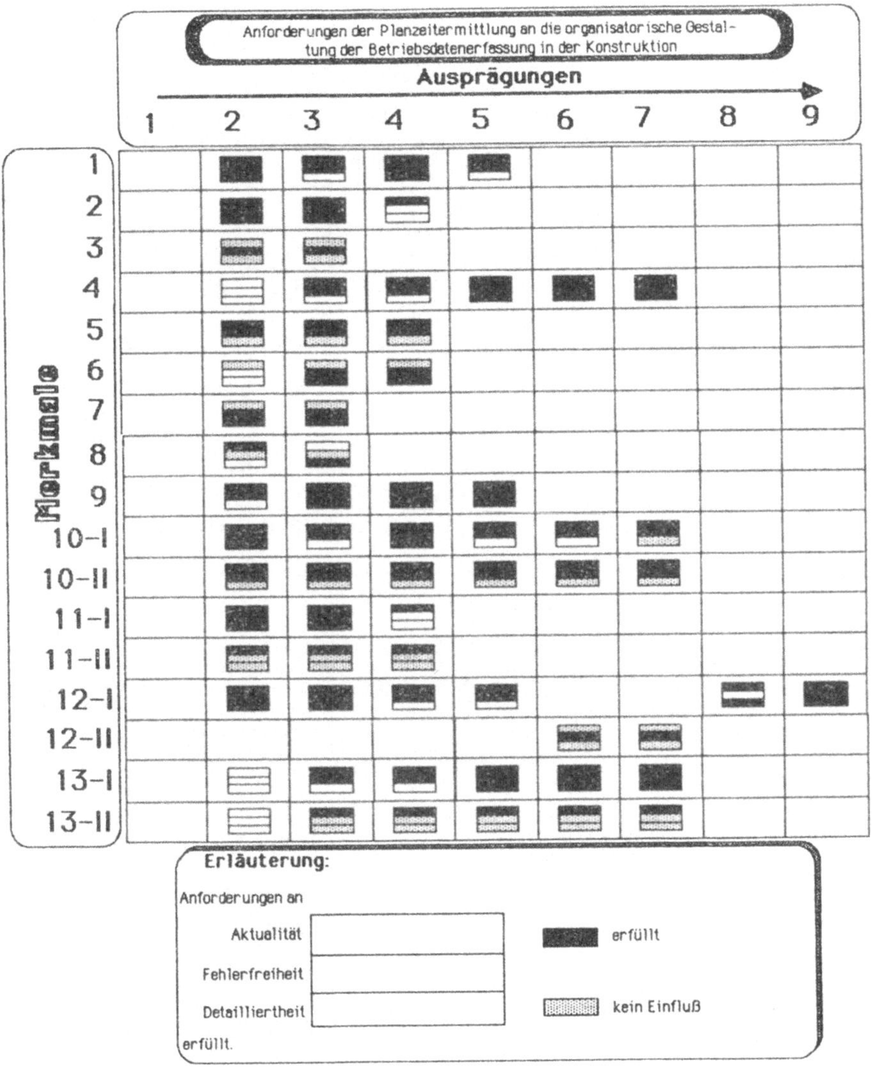

Abb. A5-5: Anforderungen der Planzeitermittlung an die organisatorische Gestaltung der BDE in der Konstruktion

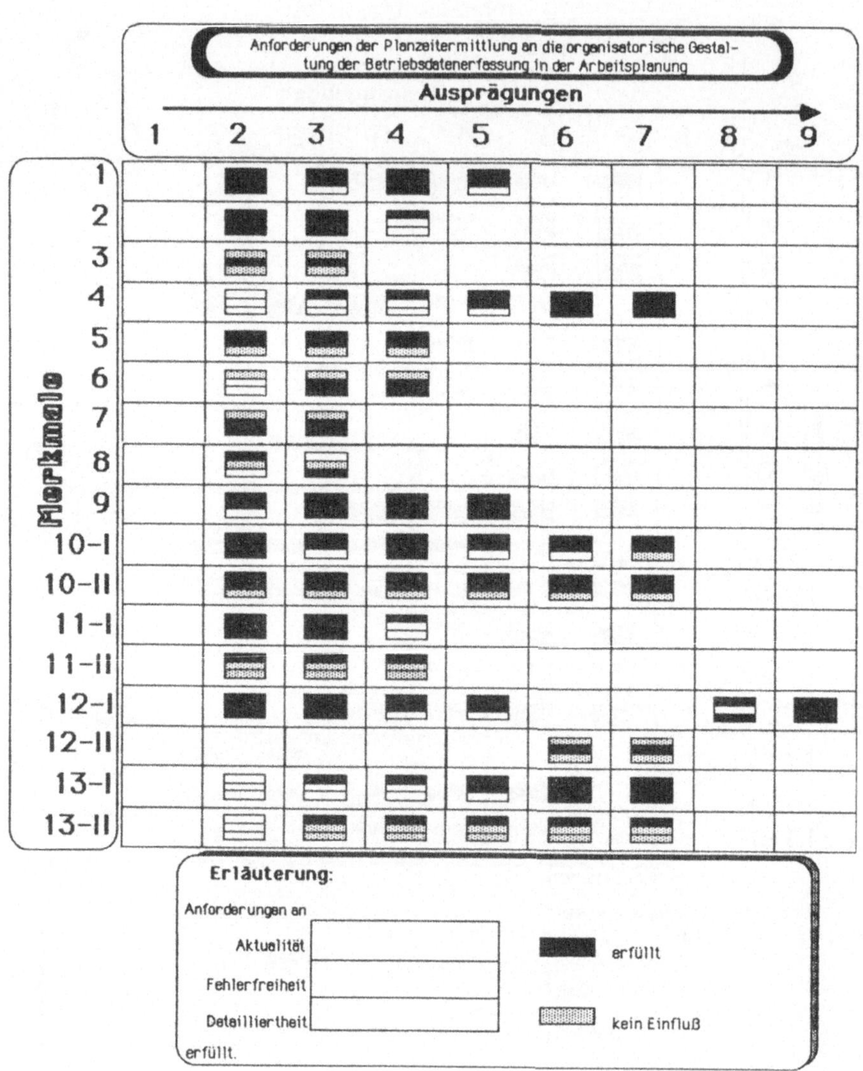

Abb. A5-6: Anforderungen der Planzeitermittlung an die organisatorische Gestaltung der BDE in der Arbeitsplanung

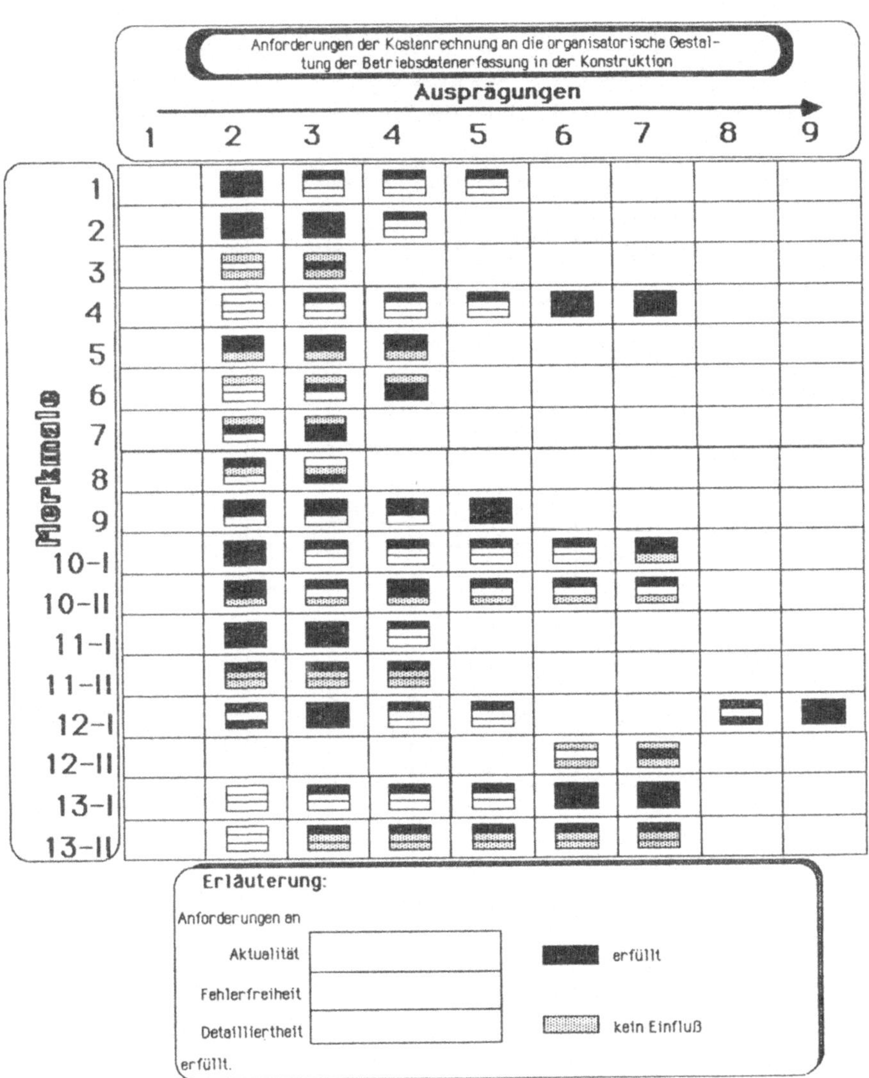

Abb. A5-7: Anforderungen der Kostenrechnung an die organisatorische Gestaltung der BDE in der Konstruktion

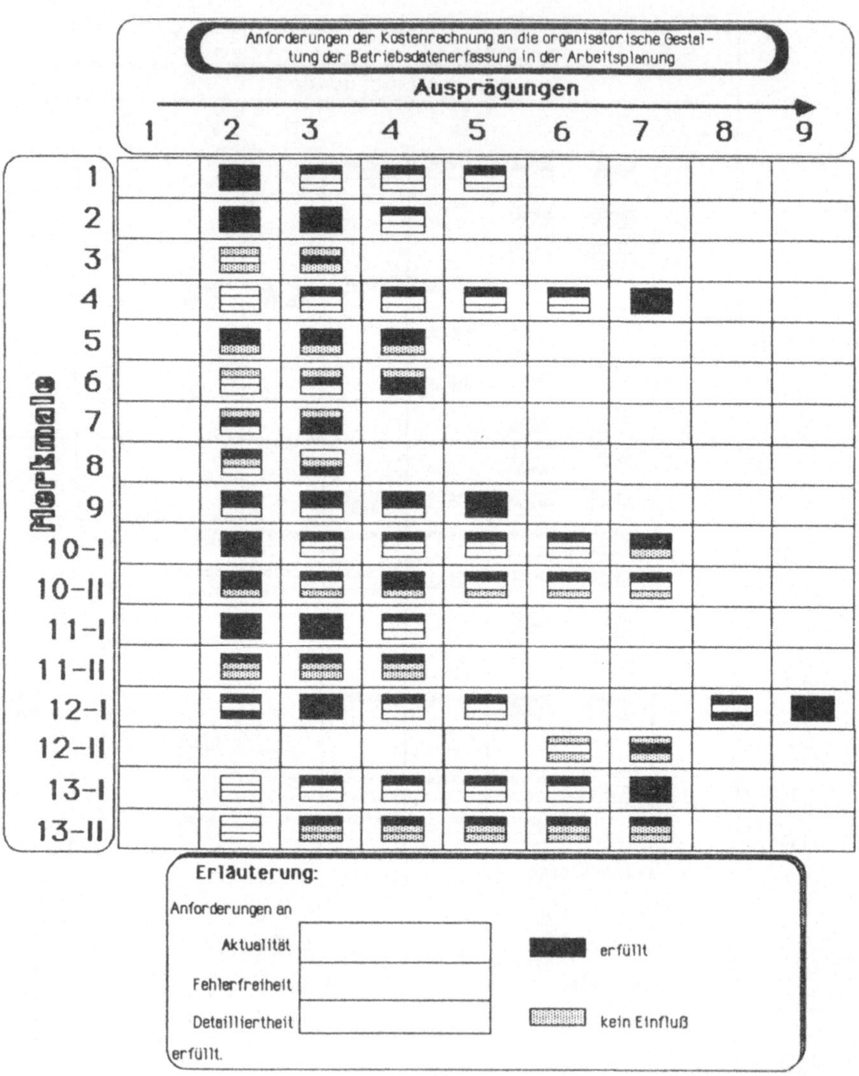

Abb. A5-8: Anforderungen der Kostenrechnung an die organisatorische Gestaltung der BDE in der Arbeitsplanung

FIR - Forschung für die Praxis

Berichte aus dem Forschungsinstitut für Rationalisierung (FIR), Aachen, und dem Lehrstuhl und Institut für Arbeitswissenschaft (IAW) der Rheinisch-Westfälischen Technischen Hochschule Aachen.

Herausgeber: Prof. Dr.-Ing. R. Hackstein